申迎迎　刘筱　孙茵子 / 主编

陈冰冰 / 副主编

AutoCAD 2016 中文版
建筑制图教程

U0211061

中国青年出版社
CHINA YOUTH PRESS

中青雄狮

图书在版编目（CIP）数据

AutoCAD 2016中文版建筑制图教程／申迎迎，刘筱，孙茵子主编. —北京：中国青年出版社，2017. 10
ISBN 978-7-5153-4896-4
I.①A… II.①申… ②刘… ③孙… III.①建筑制图－计算机辅助设计－AutoCAD软件－教材　IV.①TU204
中国版本图书馆CIP数据核字（2017）第217842号

策划编辑　张　鹏
责任编辑　张　军
封面设计　彭　涛

AutoCAD 2016中文版建筑制图教程

申迎迎　刘筱　孙茵子／主编
陈冰冰／副主编

出版发行：	中国青年出版社
地　　址：	北京市东四十二条21号
邮政编码：	100708
电　　话：	（010）50856188／50856199
传　　真：	（010）50856111
企　　划：	北京中青雄狮数码传媒科技有限公司
印　　刷：	三河市文通印刷包装有限公司
开　　本：	787 x 1092　1/16
印　　张：	15
版　　次：	2018年5月北京第1版
印　　次：	2018年5月第1次印刷
书　　号：	ISBN 978-7-5153-4896-4
定　　价：	39.90元（特赠视频与素材等超值海量实用资料，加封底QQ群获取）

本书如有印装质量等问题，请与本社联系
电话：（010）50856188／50856199
读者来信：reader@cypmedia.com
投稿邮箱：author@cypmedia.com
如有其他问题请访问我们的网站: http://www.cypmedia.com

前 言

　　AutoCAD是我国建筑设计领域使用较为广泛的绘图软件，在建筑设计行业中，能够熟练地使用AutoCAD专业绘图软件已经成为建筑设计师们必须掌握的技能，也是衡量建筑设计水平高低的重要尺度。本书以AutoCAD 2016中文版为创作基础，遵循由局部到整体、由理论知识到实际应用的写作原则，带领读者全面学习建筑施工图的绘制方法和技巧。AutoCAD 2016版本引入了全新的功能，包括全新的用户界面、完善云线功能、智能标注以及增加系统变量监视器等。使用该软件绘制建筑图形时，不仅可以灵活地完成概念和细节设计，还可以非常便捷地管理和分享设计作品。

　　全书共12章，其中各章节内容介绍如下：

篇 名	章 节	知 识 体 系
Part 1 基础知识篇	Chapter 1	介绍了建筑设计基础知识、AutoCAD建筑制图的要求以及制图规范
	Chapter 2	介绍了AutoCAD入门知识体系，知识点包括图形文件的基本操作以及系统选项的设置
	Chapter 3	介绍了AutoCAD辅助绘图知识，知识点包括坐标系统、制图环境的设置、图层的设置与管理操作以及绘图辅助功能的使用
	Chapter 4	介绍了二维基本图形的绘制，知识点包括点、线、矩形、多边形以及曲线对象等图形的绘制
	Chapter 5	介绍了二维图形的编辑，知识点包括图形的复制、旋转、镜像、阵列、偏移、打断、倒角和圆角、多线和多段线等图形的编辑以及图形的填充等
	Chapter 6	介绍了图块在建筑制图中的应用，知识点包括块的创建与编辑、块属性的创建与编辑、外部参照的使用与管理、设计中心的应用方法等
	Chapter 7	介绍了文本、多重引线与表格的应用，知识点包括文字样式的创建与设置、文本的创建与编辑、多重引线的创建与管理以及表格的创建与应用等
	Chapter 8	介绍了尺寸标注的相关知识，知识点包括标注样式的新建与设置以及各类尺寸标注的创建与编辑，如线性标注、角度标注、半径/直径标注、圆心标注、快速标注、折弯标注、引线标注等
	Chapter 9	介绍了图纸的打印与发布，知识点包括图形的输入输出、模型与布局、打印样式与参数的设置、图形文件的输出与发布、图形文件的网络应用等
Part 2 综合案例篇	Chapter 10	介绍建筑平面图的绘制，包括建筑平面图的基础知识，一层平面图、二层平面图以及屋顶平面图的绘制
	Chapter 11	介绍了建筑立面图的绘制，包括建筑立面图的基础知识，建筑立面轮廓的绘制、图案填充以及标注标高等图形的绘制
	Chapter 12	介绍了建筑剖面图的绘制，包括建筑剖面图的基础知识，剖面图轮廓、建筑结构剖面的绘制和标注标高、图示图框的添加

　　本书由一线老师编写，他们将多年积累的经验与技术融入到了本书中，力求保证知识内容的全面性、递进性和实用性，以帮助读者掌握技术精髓并提升专业技能。本书不仅适合大中专院校及高等院校相关专业的教学用书，还适合作为社会培训班的培训教材，同时也是AutoCAD爱好者不可多得的参考资料。在学习过程中，欢迎加入读者交流群（QQ群：74200601、23616092）进行学习探讨。

编 者

目录

Part 1 基础知识篇

Chapter 01 建筑制图知识准备

Chapter 02 AutoCAD 2016快速入门

Chapter 03

建筑辅助绘图知识

Chapter 04
建筑图形基本元素的绘制

Chapter 05
编辑建筑图形

Chapter 06 图块在建筑制图中的应用

为建筑图形添加文本与表格

为建筑图形添加标注

Chapter 09

打印与发布建筑图形

绘制建筑平面图

Part 1
基础知识篇

Chapter

01

建筑制图知识准备

◇ 课题概述

建筑设计是一项创造性很强的工作，它的最终成果是以图纸的形式将建筑效果直观地表达出来。AutoCAD技术与建筑设计的结合是计算机应用技术，特别是计算机图形图像技术发展的必然结果。使用该软件不仅能够将设计方案用规范、美观的图纸表达出来，还能有效地帮助设计人员提高设计水平和工作效率，这是手工绘图无法比拟的。

◇ 教学目标

本章将为用户介绍建筑设计的相关知识以及建筑制图规范等内容，使读者能够大致了解建筑设计的制图流程。

◇ 章节重点

★★★★   建筑制图规范

★★★   建筑施工图设计过程

★★   建筑的组成及作用

★   AutoCAD与建筑设计的关系

注："★"个数越多表示难度越高，以下皆同。

1.1 建筑设计概述

任何一栋建筑物主要都是由基础、墙柱等6部分组成，并且从拟定计划到建成使用必须遵循一定的程序，其中设计工作是最关键的环节。AutoCAD作为专业的设计绘图软件，以其强大的图形功能和日趋标准化发展的进程，逐步影响着建筑设计人员的工作方法和设计理念，是建筑设计的首选制图软件。

1.1.1 建筑的组成及其功能

根据使用功能和使用对象的不同，房屋建筑一般可分为民用建筑和工业建筑两大类，基本都是由基础、墙或柱、楼梯、楼板层、屋顶和门窗六大部分组成，如图1-1所示。

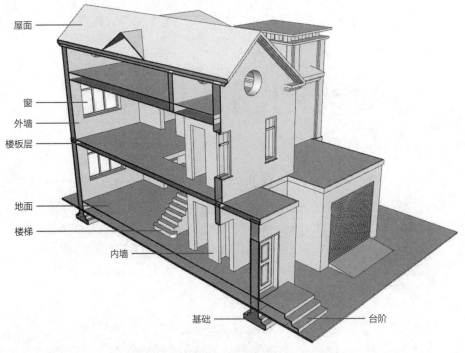

图1-1 房屋构造图

基础起着承受和传递建筑物荷载的作用；屋顶、外墙、雨蓬等起着隔热、保温、遮风避雨的作用；门、走廊、台阶、楼梯起着沟通房屋内外以及上下交通的作用；屋面、天沟、雨水管、散水等起着排水的作用；窗则主要用于采光和通风；墙群、踢脚板等起着保护墙身的作用。

1. 基础

基础位于建筑的最下面，是建筑墙或柱的扩大部分，承受着建筑上部的所有荷载并将其传给地基。因此，基础应具有足够的强度和耐久性，并能承受地下各种因素的影响。常用的基础形式有条形基础、独立基础、筏板基础、箱形基础、桩基础等。使用的材料有砖、石、混凝土、钢筋混凝土等。

2. 墙或柱

墙在建筑中起着承重、围护和分隔的作用，分为内墙和外墙。在建筑施工中要求墙体根据功能的不同，分别具有足够的强度、保温、防水、防潮、隔热、隔声等能力，并具有一定的稳定性、耐久性和经济性。柱子在建筑中起到的主要作用是承受上梁、板的荷载，以及附加在其上的其他荷载，应具有足够的强度、稳定性和耐久性。

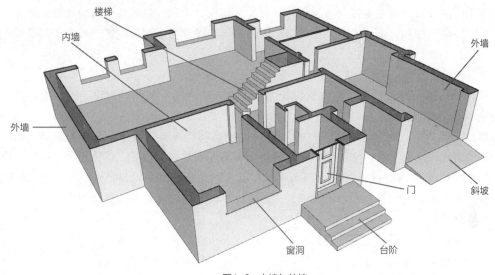

图1-2 内墙与外墙

3. 楼板层

楼板层是房屋建筑水平方向的承重构件，按房间层高将整幢建筑沿水平方向分为若干个部分，充分利用建筑空间，大大增加了建筑的使用面积。

楼板层应具有足够的强度、刚度和隔声能力，并具有防水、防潮的功能，常用的楼板层为钢筋混凝土楼板层。楼板层还应包括地坪，地坪是房间底层与土层相接的部分，它承受底层房间的荷载，因此应具有耐磨、防潮、防水、保温等能力。

4. 楼梯

楼梯是二层及二层以上建筑之间的垂直交通设施，供人们上下楼层和紧急情况下疏散使用。建筑施工中要求楼梯不仅要有足够的强度和刚度，而且还要有足够的通行能力、防火能力，楼梯表面应具有防滑能力。常用的楼梯有钢筋混凝土楼梯和钢楼梯。

5. 屋顶

屋顶是建筑最上面的围护构件，起着承重、围护和美观作用。作为承重构件，屋顶应有足够的强度，支撑其上的围护层、防水层和上面的附属物；作为围护构件，屋顶主要起着防水、排水、保温、隔热的作用。另外屋顶还应具有美化作用，不同的屋顶造型代表着不同的建筑风格，反映着不同的民族文化，是建筑造型设计中的一个主要内容。

6. 门窗

门主要供人们内外交通使用，窗则起着采光、通风的作用。门窗都有分隔和围护作用，对某些特殊功能的房间，有时还要求门窗具有保温、隔热、隔声等功能。目前常用的门窗有木门窗、钢门窗、铝合金门窗、钛合金门窗、塑钢门窗等。

1.1.2 建筑施工图设计过程及要求

在设计房屋施工图过程中，为快速获得行之有效的建筑图形效果，需要经历一系列设计阶段，并且在绘制建筑施工图时，应遵循国家规定的建筑制图要求。

1. 房屋施工图设计过程

建筑施工图的设计过程主要经历方案设计阶段、初步设计阶段、技术设计阶段和施工图设计阶段，这几个阶段环环相扣，不可或缺，任何一个阶段出现问题都将直接影响建筑施工图的准确性和有效性。

（1）方案设计阶段

方案设计阶段的方案设计图，由建筑设计者考虑建筑的功能，从而确定建筑的平面形式、层数、立面造形等基本问题。

在方案设计阶段中，可利用CAD中的绘图功能、计算功能以及三维体量分析功能等技术，对建筑物的建筑形式、平面布置、立面处理和环境协调等方面做综合的设计，优化设计过程，提高设计质量。同时，CAD的渲染技术可以绘制高质量、逼真的建筑渲染图，甚至可以提供动态的建筑动画和虚拟现实演示，这对于加强市场竞争，提高设计单位的生存能力有着重要的意义。

（2）初步设计阶段

初步设计阶段的初步设计图（简称初设图）或扩大初设图，由建筑设计者考虑到包括结构、设备等一系列基本相关因素后，独立设计完成。设计人员接受任务后，首先根据设计任务书、有关的政策文件、地质条件、环境、气候、文化背景等，明确设计意图，继而提出设计方案。

在设计方案中，应包括总平面布置图、平面图、立面图、剖面图、效果图、建筑经济技术指标，必要时还要提供建筑模型。经过多个方案的对比，最后确定综合方案，即为初步设计。

（3）技术设计阶段

技术设计阶段的技术设计图，是各专业根据报批的初步设计图，对工程进行技术协调后设计绘制的基本图纸。对于大多数中小型建筑而言，此设计过程及图纸均由建筑师在初设阶段完成。在已批准的初步设计的基础上，组织有关各工种的技术人员进一步解决各种技术问题，协调工种之间的矛盾，使设计在技术上合理可行，然后进行深入的技术、经济比较，使设计在技术上、经济上都合理可行。此外，还要研究环境影响因素，如建筑日照、视线、阴影等。使用建筑CAD技术，以上这些因素都可以加以形象的研究和控制。

（4）施工图设计阶段

施工图设计是建筑设计过程的最后阶段，此阶段的主要设计依据是报批获准的技术设计图或扩大初设图，用尽可能详尽的图形、文字、表格、尺寸等方式将工程对象的有关情况表达清楚。

建筑施工图主要用来表示建筑物的规划位置、外部造型、内部各房间的布置、内外装修、构造及施工要求等。它的内容主要包括施工图首页、总平面图、各层平面图、立面图、剖面图及详图。房屋建筑施工图是为施工服务的，要求准确、完整、简明、清晰。

2. 房屋建筑施工图绘制要求

在房屋施工图设计过程中，建筑施工图应当按照房屋正投影原理进行绘制，尽可能清晰、准确、详尽地表达建筑对象，并且在绘图过程中尽量简化图形，其具体内容如下所述：

- 房屋建筑施工图除效果图、设备施工图中的管道线路系统图外，其余采用正投影的原理绘制，因此所绘图样应符合正投影的特性。
- 建筑物形体很大，绘图时都要按比例缩小的，为反映建筑物的细部构造及具体做法，常配较大比例的详图图样，并且用文字和符号详细说明。

- 许多构配件无法如实画出，需要采用国标中规定的图例符号画出。有时国标中没有的，需要自己设计，并加以说明。

1.1.3 AutoCAD与建筑设计

　　CAD技术在建筑设计等行业中广泛应用，已成为人们熟悉的并能推动社会发展的新技术。而作为已经确定的工业标准，Autodesk系列软件在CAD技术领域毫无疑问是可拔头筹的。而AutoCAD绘图软件则是其中的旗舰，自诞生20年来，其市场占有量随着微型计算机的迅猛发展而在同类软件中独领风骚。

1. AutoCAD在建筑设计中的突出特点

　　AutoCAD软件经过不断的版本更新，在建筑设计等领域的应用也将更为广泛，主要有以下突出特点。

- 缩短设计周期，提高图纸质量和设计效益。AutoCAD软硬件系统不仅提高了图纸质量和出图效率，同时也降低了设计费用，较好地适应市场瞬息多变的需求。
- 产生直观生动的建筑空间效果。AutoCAD在建筑设计上最出风头的就是三维模型、建筑渲染图、建筑动画和虚拟现实等视觉模拟工具。
- 促进新型设计模式的产生。虽然在设计工作中，人依然是最主要的因素，但AutoCAD技术的出现和发展，势必会影响人的设计思维和方法，虽然还不是很成熟，但许多建筑师已开始运用AutoCAD技术进行这方面的尝试工作。

2. AutoCAD在建筑设计中的应用

　　作为通用绘图软件的AutoCAD，虽然不是建筑设计专业软件，但其强大的图形功能和日趋向标准化发展的进程，已逐步影响着建筑设计人员的工作方法和设计理念。作为学习建筑CAD应用技术软件的基础，AutoCAD在建筑设计中的应用主要体现在以下几个方面。

- 运用AutoCAD强大的绘图、编辑、自动标注等功能，可以完成各阶段图纸的绘制、管理、打印输出、存档和信息共享等工作。
- 运用AutoCAD强大的三维模型创建和编辑功能，以真正的空间概念进行设计，从而能够全面真实地反映建筑物的立体形象。
- 二次开发适用于建筑设计的专业程序和专业软件。
- 运用AutoCAD的外部扩展接口技术，与外部程序和数据库相连接，可以解决诸如建筑物理、经济等方面的数据处理和研究，为建筑设计的合理性、经济性提供可优化参照的有效数据。

工程师点拨

AutoCAD在建筑设计中的突出特点

AutoCAD软件经过不断的版本更新，在建筑设计等领域的应用也将更为广泛，主要有以下突出特点。
缩短设计周期，提高图纸质量和设计效益。AutoCAD软硬件系统不仅提高了图纸质量和出图效率，同时也降低了设计费用，这样能较好地适应市场瞬息多变的需求。常用计算机软件在很大程度上都是通过"对话框"的方式与用户进行交流，而AutoCAD除了"对话框"外还有另外一种方式，即"命令行"。用户在命令行的操作提示下一步步完成相应的操作，这是AutoCAD软件有别于其他软件的最大特点。

1.2 AutoCAD建筑制图要求及规范

建筑设计图纸是交流思想、传达设计意图的技术文件。尽管AutoCAD功能强大，但毕竟不是专门为建筑设计定制的软件，一方面需要在正确操作下才能实现其绘图功能，另一方面需要用户遵循统一制图规范，在正确的制图理论及方法的指导下来操作，才能生成合格的图纸。

1.2.1 图幅、标题栏及会签栏

图幅即图面的大小，分为横式和立式两种。根据国家标准的规定，按图面的长和宽确定图幅的等级，建筑常用的图幅有A0（也称为0号图幅，其余类推）、A1、A2、A3及A4，每种图幅的长宽尺寸如表1-1所示。

表1-1　图幅标准（mm）

尺寸代号＼图幅代号	A0	A1	A2	A3	A4
b×1	841×1189	594×841	420×594	297×420	210×297
c	10			5	
a	25				

A0~A3图纸可以在长边加长，单短边一般不应加长，加长尺寸如表1-2所示。如有特殊需要，可采用b×1=841×891或1189×1261的幅面。

表1-2　图纸长边加长尺寸（mm）

图　幅	长边尺寸	长边加长后尺寸
A0	1189	1486　1635　1783　1932　2080　2230　2378
A1	841	1051　1261　1471　1682　1892　2102
A2	594	743　891　1041　1189　1338　1486　1635　1783　1932　2080
A3	420	630　841　1051　1261　1471　1682　1892

表1-1中的尺寸代号含义如图1-3和图1-4所示。

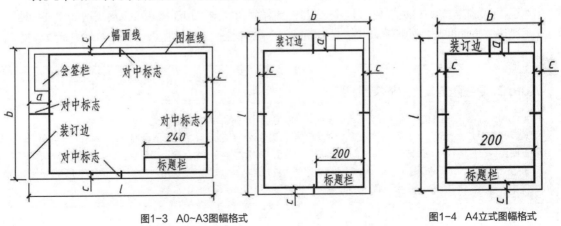

图1-3　A0~A3图幅格式　　　　　　图1-4　A4立式图幅格式

标题栏包括设计单位名称、工程名称、签字区、图名区以及图号区等内容。一般图表格式如图1-5所示，如今不少设计单位采用自己个性化的图表格式，但是仍必须包括这几项内容。

会签栏是为了各工种负责人审核后签名用的表格，它包括专业、姓名、日期等内容，如图1-6所示。对于不需要会签的图纸，可以不设此栏。

图1-5 标题栏格式

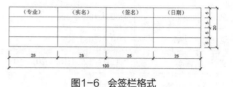

图1-6 会签栏格式

此外，需要微缩复制的图纸，其一个边上应附有一段准确米制尺度，4个边上均附有对中标志。米制尺度的总长应为100mm，分格应为10mm。对中标志应画在图纸各边长的中点处，线宽应为0.35mm，伸入框内应为5mm。

1.2.2 线型与比例

在绘制各类建筑施工图时，针对图形中表达的内容不同，通常采用线型和绘图比例将其区分，以便能够更清晰、准确地表达建筑设计效果。

1. 线型

建筑图纸主要由各种线条构成，不同的线型表示不同的对象和不同的部位，代表着不同的含义。为了图面能够清晰、准确、美观地表达设计思想，工程实践中采用了一套常用的线型，并规定了它们的使用范围，统计如表1-3所示。

表1-3 常用线型统计表

名称		线型	线宽	适用范围
实线	粗	——————	b	建筑平面图、剖面图、构造详图的被剖切主要构件截面轮廓线；建筑立面图外轮廓线；图框线、剖切线；总图中的新建建筑物轮廓
	中	——————	0.5b	建筑平、剖面图中被剖切的次要构件的轮廓线；建筑平、立、剖面图构配件的轮廓线；详图中的一般轮廓线
	细	——————	0.25b	尺寸线、图例线、索引符号、材料线以及其他细部刻画用线等
虚线	中	- - - - - - -	0.5b	主要用于构造详图中不可见的实物轮廓；平面图中的起重机轮廓、拟扩建的建筑物轮廓
	细	- - - - - - -	0.25b	其他不可见的次要实物轮廓线
点划线	细	—·—·—·—	0.25b	轴线、构配件的中心线、对称线等
折断线	细	—√—	0.25b	省画图样时的断开界线
波浪线	细	∼∼∼∼	0.25b	构造层次的断开界线，有时候也表示省略画出时的断开界线

图线宽度b，宜从下列线宽中选取：2.0、1.4、1.0、0.7、0.5、0.35mm，不同的b值，产生不同的线宽组。在同一张图纸内，不同线宽组中的细线，可以统一采用较细线宽组中的细线，对于需要微缩的图纸，线宽不宜≤0.18mm。

2. 比例

房屋建筑体型庞大，通常需要缩小后才能画在图纸上。针对不同类型的建筑施工图形，对应的绘图比例也各不相同，各种图样常用比例见表1-4所示。

表1-4　建筑施工图常用比例

图　名	常　用　比　例
总体规划图	1:2000, 1:5000, 1:10000, 1:25000
总平面图	1:500, 1:1000, 1:2000
建筑平立剖面图	1:50, 1:100, 1:200
建筑局部放大图	1:10, 1:20, 1:50
建筑构造详图	1:1, 1:2, 1:5, 1:10, 1:20, 1:50

在具体建筑施工图中标注比例参数时，比例宜注写在图名的右侧，并且字的底线应取平齐，比例的字高应比图名字高小一号或两号，如图1-7所示。

平面布置图 1:100

图1-7　比例的注写

1.2.3 尺寸标注与标高符号

尺寸标注是建筑施工图中最常用到的，而标高符号常用于建筑平面图、立面图及剖面图中，用来表示某一部分的高度。

1. 尺寸标注

尺寸标注的一般原则如下：

（1）尺寸标注应力求准确、清晰、美观大方。同一张图纸中，标注风格应保持一致。

（2）尺寸线应尽量标注在图样轮廓线以外，从内到外依次标注从小到大的尺寸，不能将大尺寸标在内，而小尺寸标在外，如图1-8、1-9所示。

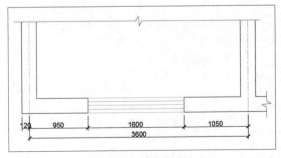

图1-8　正确的标注方法

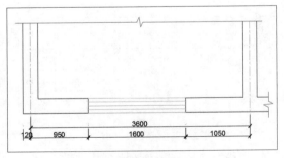

图1-9　错误的标注方法

（3）最内侧的一道尺寸线与图样轮廓线之间的距离不应小于10mm，两道尺寸线之间的距离一般为7~10mm。

（4）尺寸界线朝向图样的端头距图样轮廓的距离应≥2mm，不宜直接与之相连。

（5）在图线拥挤的地方，应合理安排尺寸线的位置，但不宜与图线、文字及符号相交，可以考虑将轮廓线用作尺寸界线，但不能作为尺寸线。

（6）室内设计图中连续重复的构配件等，当不宜标明定位尺寸时，可在总尺寸的控制下，定位尺寸不用数值而用"均分"或"EQ"字样表示，如图1-10所示。

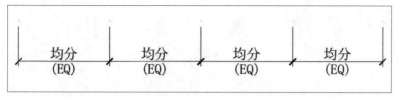

图1-10　均分尺寸

2. 标高符号

在建筑制图中，标高符号以直角等腰三角形表示，使用细实线绘制。其中直角三角形的尖端应该指至被标注高度的位置，尖端可以向上也可以向下，标高标注的数字以小数表示，标注到小数点后3位。可以指在标高顶面上，也可以指在引出线上，如表1-5所示。

表1-5　建筑施工图常用标高符号

标高符号	说　明
▼	总平面图上的室外标高符
▽	平面图上的楼地面标高符
▽	立面图和剖面图各部位标高符号，下方短线为所注部位的引出线
（数字）△ （数字）▽	立面图、剖面图左边标注
△（数字） ▽（数字）	立面图、剖面图右边标注
（数字） ▽	立面图、剖面图特殊情况标注

标高符号的高度一般为3mm，尾部长度一般为9mm，在1:100的比例图中，高度一般被绘制为300mm，尾部长度为900mm。由于建筑制图中各层标高不尽相同，需要把标高定义为带属性的动态图块，以便进行标高标注时可以非常方便地输入标高数值。

1.2.4 内视符号

内视符号标注在平面图中，用于表示室内立面图的位置及编号，建立平面图和室内立面图之间的联系，内视符号的形式如图1-11所示。图中立面图编号可用英文字母或阿拉伯数字表示，黑色的箭头指向表示立面的方向；（a）为单向内视符号，（b）为双向内视符号，（c）为四向内视符号，A、B、C、D按照顺时针标注。

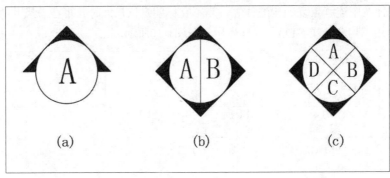

图1-11 内视符号

此外还有其他常用的符号图例，具体介绍如表1-6、1-7所示。

表1-6 建筑施工图常用标高符号

符 号	说 明	符 号	说 明
i=5%	表示坡度	① Ⓐ 1/1 1/A	轴线号及附加轴线号
1 ⌐ ¬ 1	标注剖切位置的符号，标数字的方向为投影方向，数字1与剖面图中的编号1对应	2 ─── 2	标注绘制端面的位置，标数字的方向为投影方向，数字2与断面图的编号2对应
	对称符号，在对称图形的中轴位置画此符号，可以省画另外一半图形		指北针
	方形坑槽		圆形坑槽
	方形孔洞		圆形孔洞
@	表示重复出现的固定间隔，例如"双向木格栅@500"	Φ	表示直径，如φ30
平面布置图 1:100	图名及比例	① 1:5	索引详图名及比例
宽×高成φ 底（顶或中心）	墙体预留洞	宽×高成φ 底（顶或中心）标高	墙体预留槽
	烟道		通风道

表1-7　总图常用图例

符　号	说　明	符　号	说　明
	新建建筑物，粗线绘制 需要时，表示出入口位置▲及层数x 轮廓线以±0.00处外墙定位轴线或外墙皮线为准 需要时，地上建筑用中实线绘制，地下建筑用细虚线绘制		原有建筑，细线绘制
	拟扩建的预留地或建筑物，中虚线绘制		新建地下建筑或构筑物，粗虚线绘制
	拆除的建筑物，用细实线绘制		建筑物下面的通道
	广场铺地		台阶，箭头指向表示向上
	烟囱		实体性围墙
	通透性围墙		挡土墙，被挡土在突出的一侧
	填挖边坡，边坡较长时，可在一端或两端局部表示		护坡，边坡较长时，可在一端或两端局部表示
X323.38 Y586.32	测量坐标	A102.15 B775.21	建筑坐标
32.36(±0.00)	室内标高	32.36	室外标高

1.2.5 引出线与多层构造说明

当图样中的某些具体内容或要求无法标注时，常采用引出线标注出文字说明。引出线应以细实线绘制，宜采用水平方向的直线或与水平方向成30°、45°、60°、90°的直线，也可以是经过上述角度再折为水平线。文字说明宜注写在水平线的上方或端部，如图1-12所示。

图1-12　引出线

多层构造或多层管道共用引出线应与水平直径线相连接。同时引出几个相同部分的引出线，宜互相平行，也可画成集中于一点的放射线，如图1-13所示。

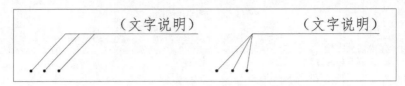

图1-13 公共引出线

多层构造或多层管道公用引出线应通过被引出的各层，文字说明宜注写在水平线的上方或端部，说明的顺序应由上至下，并应与被说明的层次相互一致：如层次为横向排序，则由上至下地说明，顺序应与由左至右的层次相互一致，如图1-14所示。

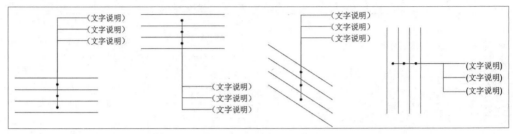

图1-14 多层构造引出线

1.2.6 常用建筑材料图例

在建筑施工图中，为简化作图通常采用的建筑材料图例，可参照表1-8在房屋建筑中，对比例小于或等于1:50的平面图和剖面图，墙砖的图例不画斜线；对比例小于或等于1:100的平面图和剖面图，钢筋混凝土构建的建筑材料图例可以简化为涂黑。

表1-8 建筑材料图例

材料图例	说 明	材料图例	说 明
	自然土壤		夯实土壤
	毛石砌体		普通砖
	石材		砂、灰石
	空心砖		松散材料
	混凝土		钢筋混凝土
	多孔材料		金属
	矿渣、炉渣		玻璃
	纤维材料		防水材料，上下两种根据绘图比例的大小选用
	木材		液体，须注明液体名称

1.2.7 指北针与风向玫瑰

新建房屋的朝向与风向，可在图纸的适当位置绘制指北针或风向频率玫瑰图（简称风向玫瑰）来表示。

1. 指北针

指北针应该按国标规定绘制，如图1-15所示。指针方向为北向，圆用细实线，直径为24mm，指针尾部宽度为3mm。如需使用较大直径绘制指北针时，指针尾部宽度宜为直径的1/8。

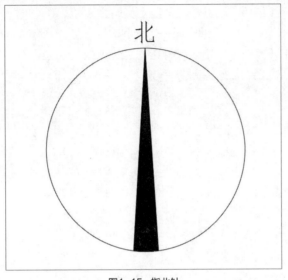

图1-15 指北针

2. 风向频率玫瑰图

风向频率玫瑰图在8个或16个方位线上，用端点与中心的距离代表当地这一风向在一年中的发生频率，粗实线表示全年风向，细虚线范围表示下机风向，如图1-16所示。此外，在设置风向频率玫瑰图时，风向由各个方向吹向中心，风向线最长者为主导风向。

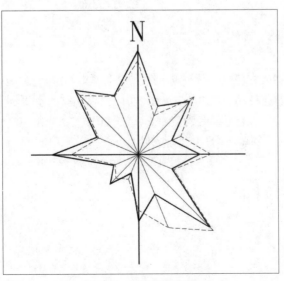

图1-16 风向玫瑰频率图

 课后练习

通过本章的学习，使我们对建筑设计基本知识、AutoCAD与建筑设计的关系以及AutoCAD建筑制图的要求及规范都有了一定的认识。下面再结合习题，加深对本章内容的了解。

1. 填空题

（1）国标规定，定位轴线用_____线表示。

（2）图样上的尺寸标注包括_____、_____、_____。

（3）建筑图样中（平、立、剖面）所标注的尺寸以_____为单位，标高都以_____为单位。

（4）在建筑平面图中，横向定位轴线应用_____从_____至_____顺序编写，竖向定位轴线应用_____从_____至_____顺序编写。

2. 选择题

（1）A0号幅面的图纸尺寸为（　　　）。

　　A、1189×841　　　　　　　　　　B、1000×800

　　C、841×594　　　　　　　　　　 D、594×420

（2）一栋房屋在图上量的长度为50cm，用的是1:100比例，其实际长度是（　　　）。

　　A、5m　　　　　　　　　　　　　B、50m

　　C、500m　　　　　　　　　　　　D、5000m

（3）立面图不能按（　　　）方式命名。

　　A、朝向　　　　　　　　　　　　B、轴线

　　C、色彩　　　　　　　　　　　　D、主出入口

（4）不属于建筑平面图的是（　　　）。

　　A、基础平面图　　　　　　　　　B、底层平面图

　　C、标准层平面图　　　　　　　　D、屋顶平面图

（5）在结构平面图中，WKL代表（　　　）。

　　A、屋面板　　　　　　　　　　　B、框支梁

　　C、楼层框架梁　　　　　　　　　D、屋面框架梁

3. 操作题

（1）到图书馆或者书店查找《房屋建筑制图统一标准》GB/T 50001-2001、《建筑制图标准》GB/T 50104-2001、《总图制图标准》GB/T 50103-2001三本书籍，了解建筑制图相关规范。

（2）在Autodesk官方网站中下载名为"AutoCAD_2016_Simplified_Chinese_Win_64bit_wi_zh_CN_Setup_webinsstall.exe"的应用程序并进行安装。

Chapter
02

AutoCAD 2016 快速入门

◆ 课题概述

AutoCAD 2016是一款工程制图必备软件，可用于二维绘图和三维绘制操作，具有良好的操作界面，用户通过交互式菜单或命令行方式可以非常方便地进行各种操作。目前，该软件已广泛应用于建筑设计、工业设计、服装设计、机械设计以及电子电气设计等领域。

◆ 教学目标

本章将会为用户介绍AutoCAD 2016的启动与退出操作、图形文件的基本操作，以及系统选项设置等内容，从而便于读者快速掌握AutoCAD 2016的基础知识。

◆ 章节重点

★★★★　AutoCAD工作界面
★★★　图形文件的操作
★★　系统设置
★　启动与退出AutoCAD 2016

2.1 认识AutoCAD 2016

AutoCAD的每一次升级和更新，功能都会得到增强，且日趋完善。目前，它已成为工程设计领域最为广泛的计算机辅助绘图软件之一。

2.1.1 AutoCAD 2016工作空间

工作空间是用户在绘制图形时使用到的各种工具和功能面板的集合。AutoCAD 2016软件提供了3种工作空间，分别为"草图与注释"、"三维基础"、"三维建模"，"草图与注释"为默认工作空间。用户可通过以下几种方法切换工作空间：

- 执行"工具>工作空间"命令，在打开的级联菜单中选择需要的工作空间选项即可。
- 单击快速访问工具栏的"工作空间"下拉按钮，在下拉列表中进行选择。
- 单击状态栏右侧的"切换工作空间"按钮。
- 在命令行输入WSCURRENT命令并按回车键，根据命令行提示输入"草图与注释"、"三维基础"或"三维建模"文本，即可切换到相应的工作空间。

下面将分别对各工作空间进行介绍。

1. 草图与注释

草图与注释工作空间是AutoCAD 2016默认的工作空间，也是最常用的工作空间，主要用于绘制二维草图。该空间是以xy平面为基准的绘图空间，可以提供所有二维图形的绘制，并提供了常用的绘图工具、图层、图形修改等功能面板，如图2-1所示。

图2-1 "草图与注释"空间功能面板

2. 三维基础

该工作空间只限于绘制三维模型。用户可运用系统所提供的建模、编辑、渲染等命令，创建出三维模型，如图2-2所示。

图2-2 "三维基础"空间功能面板

3. 三维建模

该工作空间与"三维基础"工作空间相似，但功能中增添了"网格"和"曲面"建模，在该工作空间中，也可运用二维命令来创建三维模型，如图2-3所示。

图2-3 "三维建模"空间功能面板

工程师点拨

【2-1】删除工作空间

在操作过程中，有时会遇见工作空间无法删除的情况，这时很有可能是该空间正是当前使用空间。用户只需将当前空间切换至其他空间，再进行删除操作即可。

2.1.2 AutoCAD 2016工作界面

启动AutoCAD 2016后，便可切换工作空间进行辅助绘图。以"草图与注释"工作空间为例，其界面如图2-4所示，该工作空间的窗口界面主要是由"菜单浏览器"按钮、标题栏、菜单栏、功能区、文件选项卡、绘图区、命令行、状态栏和十字光标等组成。用户可以通过以下方法启动AutoCAD 2016应用程序。

- 双击已有AutoCAD文件。
- 执行"开始>所有程序>Autodesk>AutoCAD 2016-简体中文"命令。
- 双击桌面上的AutoCAD 2016快捷启动图标，启动后工作界面如图2-4所示。

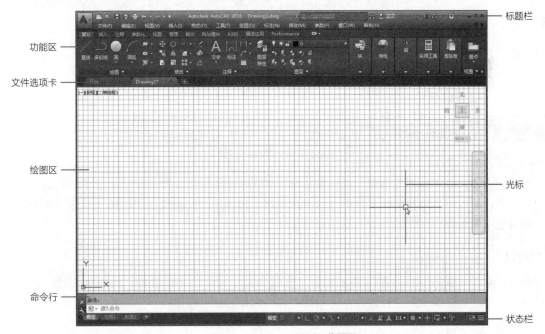

图2-4 AutoCAD 2016工作界面

1. "菜单浏览器"按钮

单击"菜单浏览器"按钮，在下拉列表中包含新建、打开、保存、另存为、输出、发布、打印、图形实用工具和关闭功能选项，用于对AutoCAD文件进行管理操作。

"菜单浏览器"按钮位于工作界面的左上方，单击该按钮，在弹出AutoCAD的菜单中查看相关功能。选择相应的命令，便会执行对应的操作，如图2-5所示。

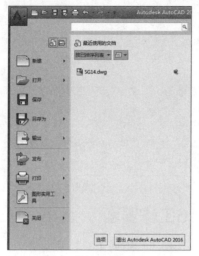

图2-5 "菜单浏览器"按钮

2. 标题栏

标题栏位于工作界面的最上方，由快速访问工具栏 ▣▣▣▣▣▣▣▣▣、当前图形标题 ▣▣▣▣▣、搜索栏 ▣▣▣▣▣、Autodesk Online服务以及窗口控制按钮组成。

按Alt+空格键或者单击鼠标右键，将弹出窗口控制菜单，从中可以执行窗口的还原、移动、大小、最小化、最大化、关闭等操作。也可以通过界面右上角的 ▣▣▣ 按钮，最大化、最小化或关闭文件。

3. 菜单栏

菜单栏包括文件、编辑、视图、插入、格式、工具、绘图、标注、修改、参数、窗口、帮助等12个主菜单，如图2-6所示。

图2-6 菜单栏

默认情况下，在"草图与注释"、"三维基础"、"三维建模"工作空间是不显示菜单栏的，若要显示菜单栏，可以单击快速访问工具栏中的下拉按钮，在弹出的快捷菜单中选择"显示菜单栏"命令，即可显示菜单栏。

4. 功能区

功能区包含功能区选项卡和功能区面板。选项卡是由功能区面板组成，而面板则包含各种按钮和控件。功能区按钮主要是代替命令的简便工具，利用功能区按钮既可以完成绘图中的大部分操作，还省略了繁琐的工具步骤，从而提高绘图效率，如图2-7所示。

图2-7 功能区

5. 文件选项卡

文件选项卡位于功能区下方，默认的新建选项卡会以Drawing1的形式显示，再次新建选项卡时，名字便会命名为Drawing2。选项卡有利于用户寻找需要的文件，方便使用，如图2-8所示。

图2-8　文件选项卡

6. 绘图区

绘图区是一个没有边界的区域，用于绘制和编辑对象，用户可以利用状态栏中的缩放命令来控制图形的显示。绘图区可以显示多个绘图窗口，每个窗口显示一个图形文件，标题白色显示的为当前窗口。

在绘图窗口中除了显示当前的绘图结果外，还显示了当前使用的坐标系类型以及坐标原点、X轴、Y轴、Z轴的方向等信息。

7. 命令行

命令行是通过键盘输入的命令显示AutoCAD的信息，用户在菜单和功能区执行的命令同样也会在命令行显示，如图2-9所示。一般情况下，命令行位于绘图区的下方，用户可以通过使用鼠标拖动的方式移动命令行，也可以根据需要更改命令行的大小。

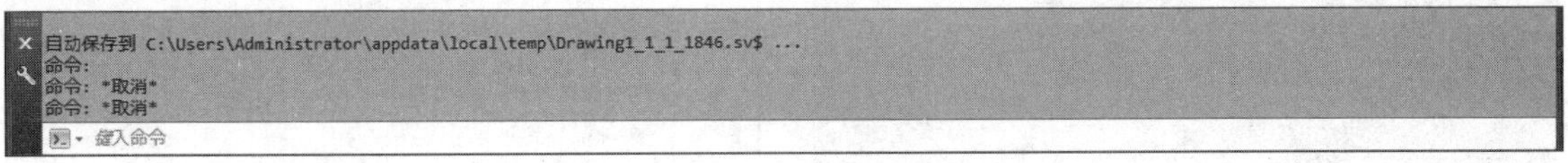

```
×  自动保存到 C:\Users\Administrator\appdata\local\temp\Drawing1_1_1_1846.sv$ ...
↺  命令:
↺  命令: *取消*
   命令: *取消*
   ⊿ ▾ 键入命令
```

图2-9　命令行

8. 状态栏

状态栏用于显示当前的状态。在状态栏的最左侧有"模式"和"布局"两个绘图模式，单击鼠标左键进行模式的切换。状态栏主要用于显示光标的坐标轴、控制绘图的辅助功能按钮、控制图形状态的功能按钮等，如图2-10所示。

```
模型  布局1  布局2  +        模型 ⊞ ⊞ ▾ ∟ ⌐ ▾ ⤢ ▾ ∠ ⊡ ▾  ⚒ 人 人 ▾ 1:1 ▾ ✿ ▾ + ↗ ◉ ▤ ≡
```

图2-10　状态栏

工程师点拨

【2-2】文本窗口

命令行也可以作为文本窗口的形式显示命令。文本窗口是记录AutoCAD历史命令的窗口，按F2键可以打开，在该窗口中显示的信息和命令行显示的信息完全一致，便于快速访问和复制完整的历史记录，如图2-11所示。

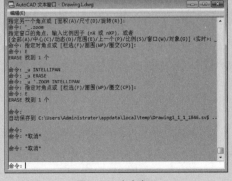

图2-11　文本窗口

2.1.3 AutoCAD 2016新增功能

新版的AutoCAD 2016具有优化界面、新标签页、功能区库、命令预览、帮助窗口、地理位置、实景计算、Exchange应用程序、计划提要、线平滑等特点。在原有版本的基础上，增加或升级了部分功能。

1. 用户界面

在AutoCAD 2016的用户界面中，单击"新图形"按钮➕或者在开始界面中单击"开始绘制"图标，如图2-12所示。即可打开新的图形文件，如图2-13所示。与以往版本不同的是，新的图形文件会在新的标签中打开，此时开始界面仍然存在。

图2-12 开始界面

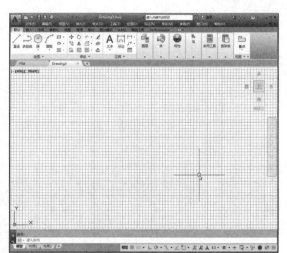

图2-13 新的图形文件

2. 云线功能增强

AutoCAD 2016对修订云线的功能进行了完善，在"注释"功能选项组中增加了矩形云线和多边形云线两种功能，用户可以直接利用这两种命令进行各种造型云线的绘制。

在"注释"选项卡的"标记"选项组中，单击"修订云线"下三角按钮，可以看到新版本中增加云线绘制修订功能，如图2-14所示。

图2-14 云线功能

绘制矩形云线的方法很简单，和绘制矩形一样，指定两个对角点即可完成矩形云线的绘制，如图2-15所示。

多边形云线的绘制也很简单，在绘制过程中根据命令行提示依次指定多边形的下一点，即可绘制出多边形云线，如图2-16所示。

图2-15　绘制矩形云线

图2-16　绘制多边形云线

另外，利用已有的图形也可以制作出云线，如圆形、多边形等。在命令行中输入revcloud命令，按回车键后根据提示输入命令o，再根据提示选择操作对象，如图2-17所示，按回车键确定操作，即可完成修订云线的绘制，如图2-18所示。

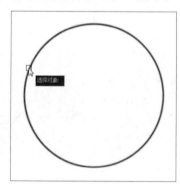

图2-17　选择对象

图2-18　修订云线完成

3. 智能标注

在AutoCAD 2016中，全新革命性的dim命令得到了显著增强。这个命令非常古老，AutoCAD 2016重新设计了它，可以理解为智能标注，可基于用户选择的对象类型创建标注，一个命令几乎就可以搞定日常的标注，非常得实用。

在功能区的"注释"选项卡中新增加了"标注"功能，快捷键为DIM，如图2-19所示。

图2-19　"标注"功能

4. 捕捉"几何中心"

AutoCAD 2016为对象捕捉设置添加了新的捕捉点——几何中心，如图2-20所示。这样用户可以捕捉到多段线、二维多段线和二维样条曲线的几何中心点，如图2-21所示。

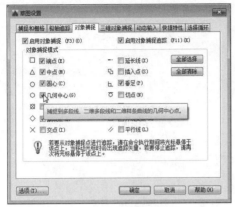

图2-20 对象捕捉

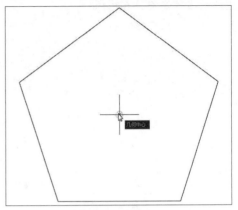

图2-21 捕捉几何中心

5. 系统变量监视器

新增加的系统变量监视器，可以监视filedia和pickadd等变量的变化，并且可以恢复到默认状态。

2.2 图形文件的基本操作

图形文件操作是进行高效绘图的基础，包括新建图形文件、打开已有的图形文件、保存图形文件和关闭图形文件等。AutoCAD 2016的文件菜单和快捷工具栏中提供了管理图形文件所必需的操作工具，要提高设计效率，首先应当熟悉这些图形文件的操作方法。

2.2.1 创建新图形文件

启动AutoCAD 2016后，系统会自动新建一个名为Drawing1.dwg的空白图形文件。用户还可以通过以下方法创建新的图形文件。

- 执行"文件>新建"命令。
- 单击"菜单浏览器"按钮 ，在弹出的列表中执行"新建>图形"命令。
- 单击快速访问工具栏中的"新建"按钮 。
- 单击绘图区上方文件选项栏中的新建按钮 。
- 在命令行中输入NEW命令，然后按回车键。

执行以上任意一种操作后，系统将自动打开"选择样板"对话框，从文件列表中选择需要的样板，然后单击"打开"按钮，即可创建新的图形文件。

在打开图形时，还可以选择不同的计量标准，单击"打开"按钮右侧的下拉按钮，若选择"无样板打开-英制"选项，则使用英制单位为计量标准绘制图形；若选择"无样板打开-公制"选项，则使用公制单位为计量标准绘制图形，如图2-22所示。

图2-22 选择新建文件选项

2.2.2 打开图形文件

启动AutoCAD 2016后，可以通过以下方式打开已有的图形文件。

● 执行"文件>打开"命令。

● 单击"菜单浏览器"按钮▲，在弹出的列表中执行"打开>图形"命令。

● 单击快速访问工具栏中的"打开"按钮📂。

● 在命令行中输入OPEN命令，再按回车键。

执行以上任意一种操作后，系统会自动打开"选择文件"对话框，如图2-23所示。

图2-23 选择打开文件选项

在"选择文件"对话框的"查找范围"下拉列表中选择要打开的图形文件夹，选择图形文件，然后单击"打开"按钮或者双击要打开文件的文件名，即可打开图形文件。在该对话框中也可以单击"打开"按钮右侧的下拉按钮，在弹出的下拉列表中选择使用所需的方式来打开图形文件。

AutoCAD 2016支持同时打开多个文件，利用AutoCAD的这种多文档特性，用户可在打开的所有图形之间来回切换、修改、绘图，还可参照其他图形进行绘图，在图形之间复制和粘贴图形对象，或从一个图形向另一个图形移动对象。

【2-3】快速关闭单个图形文件

在新版AutoCAD中，关闭单个图形文件的操作变得更加实用便捷，即单击文件选项卡中各图形文件对应的关闭按钮即可，如图2-24所示。

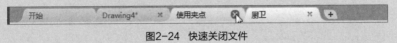

图2-24 快速关闭文件

2.2.3 保存图形文件

对图形进行编辑后，要对图形文件进行保存，可以直接保存，也可以更改名称后保存为另一个文件。

1. 保存新建的图形

通过下列方式可以保存新建的图形文件。

● 执行"文件>保存"命令。
● 单击"菜单浏览器"按钮▲，在弹出的列表中执行"保存"命令。
● 单击快速访问工具栏中的"保存"按钮▇。
● 在命令行中输入SAVE命令，再按回车键。

执行以上任意一种操作后，系统将自动打开"图形另存为"对话框，如图2-25所示。

图2-25 "图形另存为"对话框

在"保存于"下拉列表中指定文件保存的文件夹，在"文件名"文本框中输入图形文件的名称，在"文件类型"下拉列表中选择保存文件的类型，最后单击"保存"按钮。

工程师点拨

【2-4】文件保存版本类型

AutoCAD 2016默认保存的文件类型是"AutoCAD 2013 图形（*.dwg）"，此外用户还可以将图形文件保存为"*.dws"、"*.dwt"和"*.dwf"等其他文件类型。为了让低版本AutoCAD软件能够打开图形文件，用户可以将图形保存为图形格式"*.dwg"或者图形交换格式"*.dwf"的早期版本。

2. 图形换名保存

对于已保存的图形，可以更改名称保存为另一个图形文件。首先打开该图形，然后通过下列方式实施换名保存。

- 执行"文件>另存为"命令。
- 单击"菜单浏览器"按钮▲，在弹出的菜单中执行"另存为"命令。
- 在命令行中输入SAVE，再按回车键。

执行以上任意一种操作后，系统将会自动打开"图形另存为"对话框，设置需要的名称及其他选项后，单击"保存"按钮即可。

2.3　AutoCAD系统选项设置

安装AutoCAD 2016软件后，系统将自动完成默认的初始系统配置。但AutoCAD的默认设置往往并不完全符合建筑制图行业的绘图习惯，因此要绘制出规范的建筑工程图样，绘图之前的系统参数设置是非常必要的。

用户在绘图过程中，可以通过下列方式进行系统配置。

- 执行"工具>选项"命令。
- 单击"菜单浏览器"按钮▲，在弹出的列表中执行"选项"命令。
- 在命令行中输入OPTIONS，再按回车键。
- 在绘图区域中单击鼠标右键，在弹出的快捷菜单中选择"选项"命令。

执行以上任意一种操作后，系统将打开"选项"对话框，用户可在该对话框中进行所需的系统配置设置。

2.3.1　显示设置

打开"选项"对话框中的"显示"选项卡，从中可以对AutoCAD的窗口元素、布局元素、显示精度、显示性能、十字光标大小、淡入度控制等显示性能进行设置，如图2-26所示。

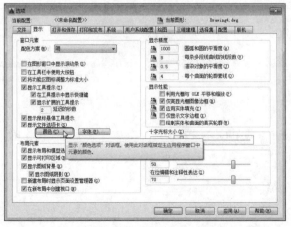

图2-26　"显示"选项卡

1. "窗口元素"选项组

"窗口元素"选项组主要用于设置窗口的颜色、排列方式等相关内容。例如，单击"颜色"按钮后，将弹出"图形窗口颜色"对话框，单击"颜色"下拉按钮，选择需要的颜色选项，即可设置二维模型空间的颜色，如图2-27所示。

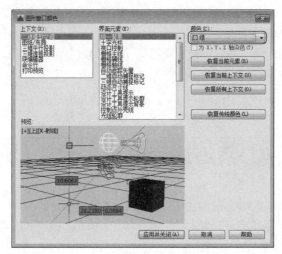

图2-27 "图形窗口颜色"对话框

2. "显示精度"选项组

该选项组用于设置圆弧或圆的平滑度以及每条多段线的段数等项目。

3. "布局元素"选项组

该选项组用于设置图纸布局的相关内容，还可以控制图纸布局的显示或隐藏。例如，要显示布局中的可打印区域（可打印区域是指虚线以内的区域），则勾选"显示可打印区域"复选框的布局效果如图2-28所示，不显示可打印区域的布局效果如图2-29所示。

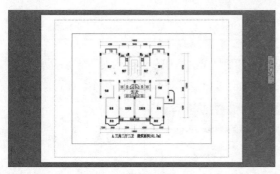

图2-28 显示可打印区域

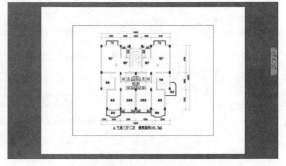

图2-29 不显示可打印区域

4. "显示性能"选项组

该选项组用于设置使用光栅和OLE进行平移与缩放、显示光栅图像的边框、实体的填充以及仅显示文字边框等参数设置。

5. "十字光标大小"选项组

该选项组用于调整光标的十字线大小。十字光标的值越大，光标两边的延长线就越长，当十字光标为10时，效果如图2-30所示；当十字光标为100时，效果如图2-31所示。

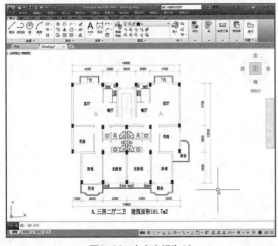
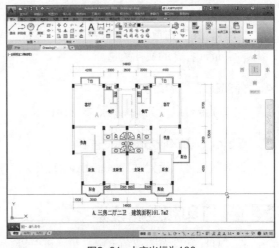

图2-30　十字光标为10　　　　　　　　　　图2-31　十字光标为100

6."淡入度控制"选项组

该选项组主要用于控制图形的显示效果，淡入度为负数值时显示效果越清晰，反之淡入度为正数值时显示效果就越淡。

2.3.2 打开和保存设置

在"选项"对话框的"打开和保存"选项卡中，用户可以进行文件保存、文件安全措施、文件打开、外部参照等方面的设置，如图2-32所示。

1."文件保存"选项组

"文件保存"选项组可以进行文件保存类型的设置、缩略图预览设置和增量保存百分比设置等。

2."文件安全措施"选项组

该选项组用于设置自动保存的间隔时间、是否创建副本以及设置临时文件的扩展名等，如图2-33所示。

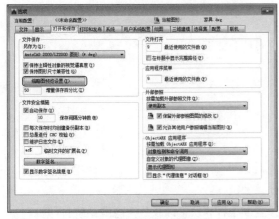

图2-32　"打开和保存"选项卡　　　　　　图2-33　"安全选项"对话框

3."文件打开"与"应用程序菜单"选项组

"文件打开"选项组可以对在窗口中打开的文件数量等参数进行设置；"应用程序菜单"选项组可以设置最近打开的文件数量。

4."外部参照"选项组

该选项组可以设置调用外部参照时的状况，可以设置启用、禁用或使用副本文件。

5."ObjectARX应用程序"选项组

该选项组可以设置加载ObjectARX应用程序和自定义对象的代理图层。

2.3.3 打印和发布设置

在"打印和发布"选项卡中，用户可以设置打印机和打印样式参数，包括出图设备的配置和选项，如图2-34所示。

图2-34 "打印和发布"选项卡

1."新图形的默认打印设置"选项组

该选项组用于设置默认输出设备的名称以及是否使用上次的可用打印设置。

2."打印和发布日志文件"选项组

该选项组用于设置打印和发布日志的方式及保存打印日志的方式。

3."打印到文件"选项组

该选项组用于设置打印到文件操作的默认位置。

4."后台处理选项"选项组

该选项组用于设置何时启用后台打印。

5."常规打印选项"选项组

该选项组用于设置更改打印设备时是否警告，设置OLE打印质量以及是否隐藏系统打印机。

6."指定打印偏移时相对于"选项组

该选项组用于设置打印偏移时，相对于的对象为可打印区域还是图纸边缘。单击"打印戳记设置"按钮，将弹出"打印戳记"对话框，从中可以设置打印戳记的具体参数，如图2-35所示。

图2-35 "打印戳记"对话框

2.3.4 系统与用户系统配置设置

在"选项"对话框中的"系统"选项卡中，用户可以设置控制三维图形显示系统的系统特性以及当前定点设备、数据库连接的相关选项，如图2-36所示。

在"用户系统配置"选项卡中，用户可设置Windows标准操作、插入比例、字段、坐标数据输入的优先级等选项。另外还可单击"块编辑器设置"、"线宽设置"和"默认比例列表"按钮，进行相应的参数设置，如图2-37所示。

图2-36 "系统"选项卡

图2-37 "用户系统配置"选项卡

1. "图形性能"按钮

在"系统"选项卡中单击"图形性能"按钮，在弹出的"图形性能"对话框中可以开启硬件加速，设置功能设备的高质量显示、平滑线显示、高级材质效果、全阴影显示以及单像素光照等项目设置，如图2-38所示。

2. "当前定点设备"选项组

"系统"选项卡下的"当前定点设备"选项组可以设置定点设备的类型，接受某些设备的输入。

3. "布局重生成选项"选项组

"系统"选项卡下的"布局重生成选项"选项组提供了"切换布局时重生成"、"缓存模型选项卡和上一个布局"和"缓存模型选项卡和所有布局"3种布局重生成样式。

4."常规选项"选项组

在"系统"选项卡下的"常规选项"选项组，可以对消息的显示与隐藏及"OLE文字大小"对话框的显示等进行设置。

5."信息中心"选项组

在"系统"选项卡下的"信息中心"选项组中，单击"气泡式通知"按钮，打开"信息中心设置"对话框，从中可以对信息中心的参数进行设置，如图2-39所示。

图2-38 "图形性能"对话框

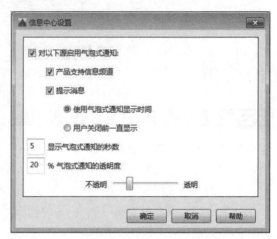

图2-39 "信息中心设置"对话框

2.3.5 绘图与三维建模

在"选项"对话框中的"绘图"选项卡中，用户可以在"自动捕捉设置"和"AutoTrack设置"选项组中设置自动捕捉和自动追踪的相关内容，另外还可以拖动滑块调节自动捕捉标记和靶框的大小，如图2-40所示。

在"三维建模"选项卡中，用户可以设置三维十字光标、在视口中显示工具、三维对象和三维导航等选项，如图2-41所示。

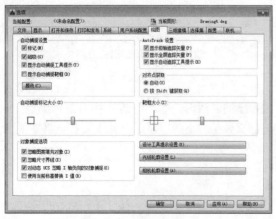

图2-40 "绘图"选项卡

图2-41 "三维建模"选项卡

1."自动捕捉设置"选项组

"绘图"选项卡下的"自动捕捉设置"选项组，用于设置在绘制图形时捕捉点的样式。

2.　"对象捕捉选项"选项组

"绘图"选项卡下的"对象捕捉选项"选项组，用于设置忽略图案填充对象、使用当前标高替换Z值等参数。

3.　"AutoTrack设置"选项组

在"绘图"选项卡下的"AutoTrack设置"选项组中，可以对显示极轴追踪矢量、显示全屏追踪矢量和显示自动追踪工具提示等参数进行设置。

4.　"三维十字光标"选项组

"三维建模"选项卡下的"三维十字光标"选项组，可用于设置十字光标是否显示Z轴，是否显示轴标签以及十字光标标签的显示样式等。

5.　"三维对象"选项组

"三维建模"选项卡下的"三维对象"选项组，用于设置创建三维对象时的视觉样式、曲面或网格上的素线数、设置网格图元以及设置网格镶嵌选项等。

2.3.6 选择集与配置

在"选项"对话框的"选择集"选项卡中，用户可以设置拾取框大小、选择集模式、夹点大小和夹点的相关参数，如图2-42所示。

在"选项"对话框的"配置"选项卡中，用户可以针对不同的需求在此进行配置设置并保存，这样以后需要进行相同的设置时，只需调用该配置文件即可。

1.　"夹点"选项组

"选择集"选项卡下的"夹点"选项组，用于设置不同状态下的夹点颜色、启用夹点以及在块中启用夹点等参数。

2.　"预览"选项组

"选择集"选项卡下的"预览"选项组，用于设置活动状态的选择集和未激活命令时的选择集预览效果。单击"视觉效果设置"按钮后，可在弹出的"视觉效果设置"对话框中调节视觉样式的各种参数，如图2-43所示。

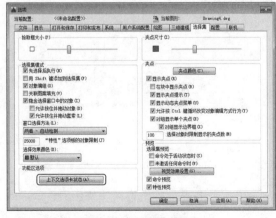

图2-42　"选择集"选项卡

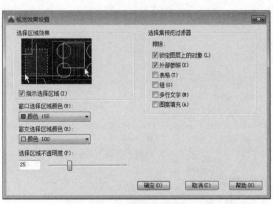

图2-43　"视觉效果设置"对话框

2.4 退出AutoCAD 2016

当用户完成绘图工作后，不需要再使用AutoCAD 2016时，则可以退出该程序。在退出程序之前，用户需要保存已绘制的图形。

图形绘制操作完成并进行保存后，可以通过下列方式退出AutoCAD 2016。

- 执行"文件>退出"命令。
- 单击"菜单浏览器"按钮▲，在弹出列表的右下角，单击"退出Autodesk AutoCAD 2016"按钮。
- 单击标题栏中的"关闭"按钮✕。
- 按Ctrl+Q组合键，退出AutoCAD 2016。

上机实践：设置绘图背景颜色和鼠标右键的功能

- **实践目的：** 通过本实训可掌握"选项"对话框的使用，为后期绘图做好准备。
- **实践内容：** 根据自己的习惯更改AutoCAD操作界面的背景颜色和鼠标右键的功能。
- **实践步骤：** 在"选项"对话框的"显示"和"用户系统配置"选项卡中进行设置。

步骤01 启动AutoCAD 2016软件，在绘图区域中单击鼠标右键，在弹出的快捷菜单中选择"选项"命令，如图2-44所示。

步骤02 将弹出"选项"对话框，在"显示"选项卡中，单击"窗口元素"选项组中的"颜色"按钮，如图2-45所示。

图2-44 选择"选项"命令

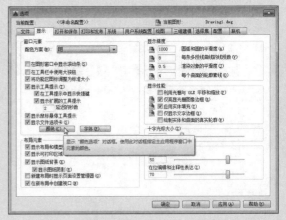

图2-45 单击"颜色"按钮

步骤03 在弹出的"图形窗口颜色"对话框中，单击"颜色"下拉按钮，选择需要替换的颜色，如图2-46所示。

步骤04 在"预览"窗口中会显示预览效果，设置完成后单击"应用并关闭"按钮，如图2-47所示。

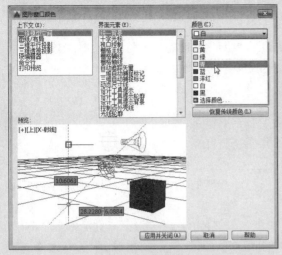

图2-46　选择颜色

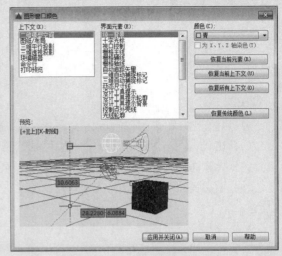

图2-47　单击"应用并关闭"按钮

步骤05 返回到"选项"对话框，在"用户系统配置"选型卡中，单击"自定义右键单击"按钮，如图2-48所示。

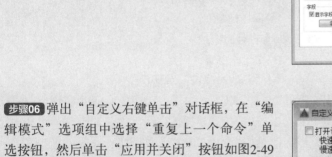

图2-48　单击"自定义右键单击"按钮

步骤06 弹出"自定义右键单击"对话框，在"编辑模式"选项组中选择"重复上一个命令"单选按钮，然后单击"应用并关闭"按钮如图2-49所示。返回到上级对话框，单击"确定"按钮即可完成相关设置。

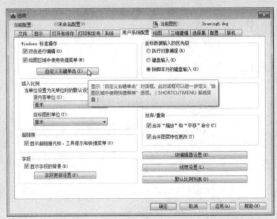

图2-49　选择"重复上一个命令"单选按钮

 课后练习

通过本章的学习，相信大家对AutoCAD 2016的工作界面、文件的打开与保存，以及系统选项设置有了一定的认识。下面再结合习题，回顾AutoCAD的常见操作知识。

1. 填空题

（1）_____是记录了AutoCAD历史命令的窗口，是一个独立的窗口。

（2）在AutoCAD 2016中，执行"文件>打开"命令后，将打开_____对话框。

（3）计算机辅助设计简称为_____。

（4）中文版AutoCAD 2016为用户提供了"_____"、"草图与注释"和"三维建模"3种工作空间。

（5）图形文件可以以"打开"、"以只读方式打开"、"局部打开"和"以只读方式局部打开"4种方式打开，如果以"打开"和"_____"方式打开图形文件时，可以对图形文件进行编辑；如果以"_____"和"以只读方式局部打开"方式打开图形文件，则无法对图形文件进行编辑。

2. 选择题

（1）AutoCAD的（　　　）菜单中包含了丰富的绘图命令，使用它们可以绘制直线、构造线、多段线、圆、矩形、多边形、椭圆等基本图形，也可以将绘制的图形转换为面域，对其进行填充。

  A、文件   B、工具

  C、格式   D、绘图

（2）在AutoCAD中，构造选择集非常重要，以下哪个不是构造选择集的方法（　　　）。

  A、按层选择   B、对象选择过滤器

  C、快速选择   D、对象编组

（3）在AutoCAD中不可以设置"自动隐藏"特性的对话框是（　　　）。

  A、"选项"对话框   B、"设计中心"对话框

  C、"特性"对话框   D、"工具选项板"对话框

（4）在AutoCAD中提供了多种切换工作空间的方式，以下（　　　）选项无法切换工作空间。

  A、使用"菜单浏览器"菜单切换 B、使用状态栏按钮切换

  C、使用菜单栏选项切换   D、使用专用工具栏工具切换

（5）在"选项"对话框的（　　　）选项卡下，可以设置夹点大小和颜色。

  A、选择集   B、系统

  C、显示   D、打开和保存

3. 操作题

（1）为电脑上的AutoCAD 2016应用程序设置一个自己喜欢的绘图环境，如界面颜色、绘图背景颜色、十字光标的显示以及夹点颜色的显示等。

（2）以只读方式打开任意一个.dwf格式的图形文件。

Chapter 03

建筑辅助绘图知识

课题概述

在进行绘图之前，用户需要对绘图环境进行一些必要的设置，包括图形界限、图形单位、图层的创建与设置等。例如，通过对图层进行设置，可以调节图形的颜色、线宽及线型等特性，从而既可以提高绘图效率，又能保证图形的质量。

教学目标

本章将向读者介绍坐标系统、图形的管理以及辅助工具的调用等，熟悉并掌握这些知识后，将会对今后的绘图操作提供很大的帮助。

章节重点

★★★★	图层的设置
★★★	辅助绘图功能
★★	图形界限和单位
★	坐标系

光盘路径

上机实践：实例文件\第3章\上机实践
课后练习：实例文件\第3章\课后练习

3.1 坐标系统

在绘图过程中，所有对象位置的确定都需要以某个坐标系作为参照才能确定。利用坐标辅助绘图是精确绘图的基础，也是确定对象位置的基本手段。在AutoCAD中，系统提供了世界坐标系和用户坐标系两种坐标系。

3.1.1 世界坐标系

世界坐标系也称为WCS坐标系，采用了笛卡尔坐标系统来确定对象的位置，坐标系统中的原点位置与坐标轴方向固定，通过3个坐标轴X、Y、Z来确定空间中的位置。世界坐标系的X轴为水平方向，Y轴为垂直方向，Z轴正方向垂直屏幕向外，坐标原点位于绘图区左下角，图3-1为二维图形空间的坐标系，图3-2为三维图形空间的坐标系。

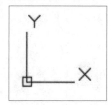

图3-1 二维空间坐标系   图3-2 三维空间坐标系

工程师点拨

【3-1】设置X、Y轴坐标

在XOY平面上绘制、编辑图形时，只需要输入X轴和Y轴坐标，Z轴坐标由系统自动设置为0。

3.1.2 用户坐标系

用户坐标系也称为UCS坐标系，用户坐标系是可以进行更改的，它主要在图形的绘制时提供参考。创建用户坐标系可以通过执行"工具>新建"菜单命令下的子命令来实现，也可以通过在命令行中输入命令UCS来完成。

3.1.3 坐标输入方法

在绘制图形对象时，经常需要输入点的坐标值来确定线条或图形的位置、大小和方向。输入点的坐标有4种方法：绝对直角坐标、相对直角坐标、绝对极坐标和相对极坐标。

1. 绝对坐标

常用的绝对坐标表示方法有绝对直角坐标和绝对极坐标两种。

（1）绝对直角坐标

绝对直角坐标是指相对于坐标原点的坐标，可以输入（X,Y）或（X,Y,Z）坐标来确定点在坐标系中的位置。如在命令行中输入（5,20,10），表示在X轴正方向距离原点5个单位，在Y轴正方向距离原点20个单位，在Z轴正方向距离原点10个单位。

（2）绝对极坐标

绝对极坐标通过相对于坐标原点的距离和角度来定义点的位置。输入极坐标时，距离和角度之间用"<"符号隔开。如在命令行中输入（20<60），表示该点与X轴成60°角，距离原点20个单位。在默认情况下，AutoCAD以逆时针旋转为正，顺时针旋转为负。

2. 相对坐标

相对坐标是指相对于上一个点的坐标，相对坐标以前一个点为参考点，用位移增量确定点的位置。输入相对坐标时，要在坐标值的前面加上一个"@"符号。如上一个操作点的坐标是（9,12），输入（1,2），则表示该点的绝对直角坐标为（10,14）。

3.2 建筑制图环境的设置

AutoCAD的默认设置往往并不完全符合建筑制图行业的绘图习惯，因此，要绘制出规范的建筑工程图样，绘图之前的绘图环境设置是非常必要的。

3.2.1 设置图形界限

为了在一个有限的显示界面上绘图，用户可以通过下列方法为绘图区域设置边界。

● 执行"格式>图形界限"命令。

● 在命令行中输入LIMITS，然后按回车键。

3.2.2 设置图形单位

图形的单位和格式是建筑施工图的读图标准，也就是确定绘图时的长度单位、角度单位及其精度和方向，是保证绘图准确的前提。

在AutoCAD绘图过程中，所有创建的对象都是根据图形单位来进行测量的，在屏幕的左下角将显示出光标当前所在坐标值，用户可以通过单击它来开启或关闭光标坐标值的显示，也可以右击它来选择所需要的显示类型。默认情况下，AutoCAD 2016的图形为十进制单位，包括长度单位、角度单位、缩放单位、光源单位以及方向控制等。用户可以通过以下命令执行图形单位命令。

● 执行"格式>单位"命令。

● 在命令行中输入UNITS，然后按回车键。

执行以上任意一种操作后，系统将弹出"图形单位"对话框，如图3-3所示。

1."长度"选项组

在该选项组中可以设置图形单位的类型以及精度参数，通常使用毫米作为绘图单位，在绘图时只能以图形单位计算绘图尺寸。

2."角度"选项组

在"角度"选项组中的"类型"下拉列表，选择角度单位的类型；在"精度"下拉列表，选择

角度单位的精度。不勾选"顺时针"复选框，则以逆时针方向旋转为正方向；勾选"顺时针"复选框，以顺时针方向旋转的角度为正方向。

3. "插入时的缩放单位"选项组

用于设置使用AutoCAD工具选项板或设计中心拖入图形的块的测量单位。

4. "光源"选项组

用于指定光源强度的单位，包括"国际"、"美国"和"常规"选项。

5. "方向"按钮

单击"方向"按钮，打开"方向控制"对话框，如图3-4所示。在该对话框中，可以设置角度测量的起始位置，系统默认水平向右为角度测量的起始位置。

图3-3 "图形单位"对话框

图3-4 "方向控制"对话框

3.3　图层管理

图层的作用类似于绘图时使用透明重叠图纸的效果，利用该功能可以更加高效地绘制、查看和管理建筑图纸，是图形绘制中重要的组织工具。而图层设置通常都是利用图层特性管理器执行，针对各个图层分别赋予不同的颜色、线型、线宽等，也可通过打开和关闭、冻结和解冻、锁定和解锁某些图层来辅助绘图。

3.3.1 图层特性管理器

图层设置功能可以将一张图分成若干层，将表示不同性质的图形分门别类地绘制在不同的图层上，以便于图形的管理、编辑和检查，而图层设置通常都是利用图层特性管理器执行的。用户可以通过以下几种方法打开"图层特性管理器"对话框。

● 在"默认"选项卡的"图层"面板中，单击"图层特性"按钮。
● 执行"格式>图层"命令。

● 在命令行输入LAYER命令并按回车键。

"图层特性管理器"面板打开以后，系统会自动创建名为0的图层，且该图层不可被删除，如图3-5所示。

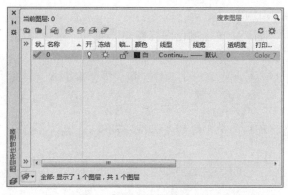

图3-5 "图层特性管理器"面板

【3-2】0图层

在默认情况下，系统只有一个0层，而在0层上是不可以绘制任何图形的，它主要是用来定义图块的。定义图块时，先将所有图层均设为0层，其后再定义块，这样在插入图块时，当前图层是哪个层，其图块则属于哪个层。

3.3.2 图层的创建与删除

在AutoCAD 2016中，创建和删除图层以及对图层的其他管理都是通过"图层特性管理器"面板来实现的。

1. 创建新图层

在"图层特性管理器"面板中，单击"新建图层"按钮，系统将自动创建一个名称为"图层1"的图层，如图3-6所示。图层名称是可以更改的。用户也可以在面板中单击鼠标右键，在弹出的快捷菜单中选择"新建图层"命令，来创建一个新图层。

2. 删除图层

在"图层特性管理器"面板中选择某图层后，单击"删除图层"按钮，即可删除该图层。

图3-6 新建图层

【3-3】设置图层名称

图层名最长可设置为255个字符，可以是数字、字母，但不允许使用大于号、小于号、斜杠、反斜杠、引号、冒号、分号、问号、逗号、竖杠或等于号等符号；在当前图形文件中，图层名称必须是唯一的，不能与已有的图层重名；新建图层时，如果选中了图层名称列表中的某一图层（呈高亮显示），那么新建的图层将自动继承该图层的属性。

3.3.3 设置图层的颜色、线型和线宽

在"图层特性管理器"面板中，用户可对图层的颜色、线型和线宽进行相应的设置。

1. 图层颜色设置

在"图层特性管理器"面板中单击颜色图标 ■白，打开"选择颜色"对话框，如图3-7所示。用户可根据自己的需要，在"索引颜色"、"真彩色"和"配色系统"选项卡中选择所需的颜色。其中标准颜色名称仅适用于1~7号颜色，分别为红、黄、绿、青、蓝、洋红、白/黑。

2. 图层线型设置

在"图层特性管理器"面板中单击线型图标 Continuous，系统将打开"选择线型"对话框，如图3-8所示。

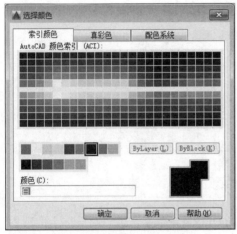

图3-7 "选择颜色"对话框

图3-8 "选择线型"对话框

在默认情况下，系统仅加载一种Continuous（连续）线型。若需要其他线型，则要先加载所需的线型，即在"选择线型"对话框中单击"加载"按钮，打开"加载或重载线型"对话框，如图3-9所示。选择所需的线型之后，单击"确定"按钮即可出现在"选择线型"对话框中。

3. 图层线宽设置

在"图层特性管理器"面板中单击线宽图标 ——— 默认，打开"线宽"对话框，如图3-10所示。选择所需线宽后，单击"确定"按钮即可。

图3-9 "加载或重载线型"对话框

图3-10 "线宽"对话框

工程师点拨

【3-4】加载线型

执行"格式>线型"菜单命令，打开"线型管理器"对话框，单击"加载"按钮即可加载线型。

3.3.4 图层的管理

在"图层特性管理器"面板中，除了可以创建图层并设置图层属性外，还可以对创建好的图层进行管理操作，如图层的控制、设为当前层、改变图层和属性等。

1. 图层状态控制

在"图层特性管理器"面板中，提供了一组状态开关图标，用以控制图层状态。

（1）开/关图层

在"图层特性管理器"面板中单击"打开"图层按钮，图层即被关闭，而图标变成"　"。图层关闭后，该图层上的实体不能在屏幕上显示或打印输入，重新生成图形时，图层上的实体将重新生成。若关闭当前图层，系统会弹出提示对话框，只需选择"关闭当前图层"选项即可，如图3-11所示。但是当前层被关闭后，若要在该层中绘制图形，其结果将不显示。

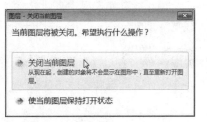

图3-11 "关闭当前图层"对话框

（2）冻结/解冻图层

单击"冻结"按钮，当其变成雪花图样"　"，即可完成图层的冻结。图层冻结后，该图层上的实体不能在屏幕上显示或打印输出，重新生成图形时，图层上的实体不会重新生成。

（3）锁定/解锁图层

单击"锁定"按钮，当其变成闭合的锁图样"　"时，图层即被锁定。图层锁定后，用户只能查看、捕捉位于该图层上的对象，可以在该图层上绘制新的对象，而不能编辑或修改位于该图层上的图形对象，但实体仍可以显示和输出。

2. 置为当前层

AutoCAD 2016只能在当前图层上绘制图形实体，系统默认当前图层为0图层，用户可以通过以下方式将所需的图层设置为当前层。

- 在"图层特性管理器"面板中选中所需的图层，然后单击"置为当前"按钮。
- 在"图层"面板中，单击"图层"下拉按钮，然后选择所需的图层名。
- 在"默认"选项卡的"图层"选项组中单击"将对象的图层设为当前层"按钮，根据命令行的提示，选择一个实体对象，即可将该对象所在的图层设置为当前层。

工程师点拨

【3-5】创建多个图层

如果要建立不只一个图层，无须重复单击"新建"按钮。最有效的方法是：在建立一个新的图层"图层1"后，改变图层名，在其后输入一个逗号"，"，这样就会又自动创建一个新的图层"图层1"，继续改变图层名，再输入一个逗号，就又创建一个新的图层了。也可以在创建一个图层后，按Enter键两次，即可创建一个新的图层，双击图层名即可更改图层名称。

3. 改变图形对象所在的图层

用户可以通过下列方式，改变图形对象所在的图层。

● 选中图形对象，然后在"图层"面板的下拉列表中选择所需图层。

● 选中图形对象并右击，在打开的快捷菜单中选择"特性"命令，在
"特性"面板的"常规"选项组中，单击图层选项右侧的下拉按钮，
从下拉列表中选择所需的图层选项，如图3-12所示。

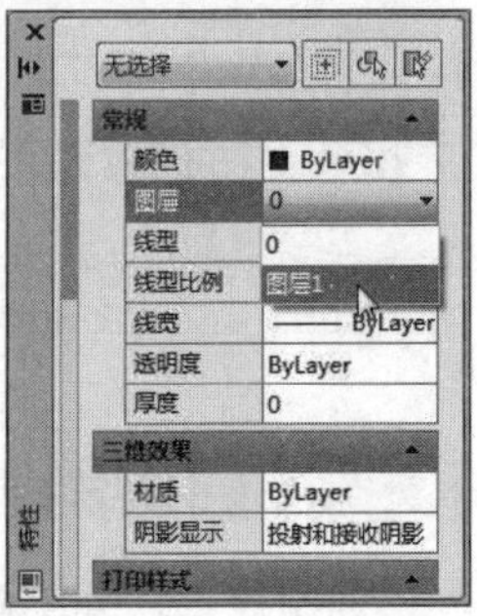

4. 改变对象的默认属性

默认情况下，用户所绘制的图形对象将使用当前图层的颜色、线型和
线宽。用户可在选中图形对象后，利用"特性"面板中"常规"选项组里的
各选项，为该图形对象设置不同于所在图层的相关属性。

图3-12 "特性"面板

5. 线宽显示控制

由于线宽属性属于打印设置，在默认情况下系统并未显示线宽设置效果。用户可执行"格式>
线宽"菜单命令，打开"线宽设置"对话框，勾选"显示线宽"复选框即可。

工程师点拨

【3-6】在绘图区显示线宽

在"线宽设置"对话框中勾选"显示线宽"复选框后，要单击状态栏中的"显示线宽"按钮，才能在绘图区显示
线宽。

3.4 设置绘图辅助功能

在绘制图形过程中，由于鼠标定位的精度不高，用户可以利用状态栏当中的捕捉模式、栅格显示、正交模式、
极轴追踪、对象捕捉和对象捕捉追踪等绘图辅助工具，来进行精确绘图。

3.4.1 捕捉和栅格

在绘制图形时，使用捕捉和栅格功能有助于创建和对齐图形中的对象。一般情况下，捕捉和
栅格是配合使用的，即捕捉间距与栅格的X、Y轴间距分别一致，这样才能保证鼠标拾取到精确的
位置。

1. 栅格

栅格是按照设置的间距显示在图形区域中的点，它能提供直观的距离和位置参照，类似于坐标
纸中方格的作用，栅格只在图形界限内显示，如图3-13所示。

在AutoCAD 2016中，用户通过以下方式可以打开或关闭栅格。

● 在状态栏中单击"栅格显示"按钮▦。

● 在状态栏中右击"栅格显示"按钮，然后选择或取消选择"启用"命令。

● 按F7键或Ctrl＋G组合键进行切换。

2. 捕捉

栅格显示只能提供绘制图形的参考背景，捕捉才是约束鼠标移动的工具，栅格捕捉功能用于设置鼠标移动的固定步长，即栅格点阵的间距，使鼠标在X轴和Y轴方向上的移动量总是步长的整数倍，以提高绘图的精度。可以通过下列方式打开或关闭"栅格捕捉"。

● 在状态栏中单击"捕捉模式"按钮▦。
● 在状态栏中右击"捕捉模式"按钮，然后选择"启用栅格捕捉"或"关"命令。
● 按F9键进行切换。

3. 设置栅格与捕捉

AutoCAD的捕捉功能分为两种，一种是自动捕捉，另一种是栅格捕捉。用户可在"草图设置"对话框中对栅格和捕捉进行设置。通过下列方式，可以打开"草图设置"对话框。

● 执行"工具>草图设置"命令。
● 在状态栏中右击相关按钮，在弹出的快捷菜单中选择"设置"命令。

在"草图设置"对话框中，选择"捕捉与栅格"选项卡，如图3-14所示。各选项组的作用如下。

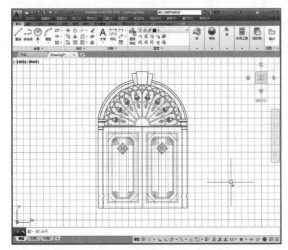

图3-13 显示栅格

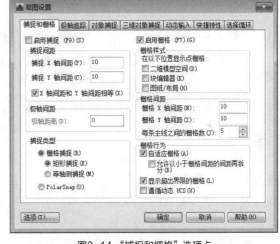

图3-14 "捕捉和栅格"选项卡

● "启用捕捉"和"启用栅格"复选框：用于打开或关闭捕捉和栅格。
● "捕捉间距"选项组：用于定义捕捉的间距。
● "栅格间距"选项组：用于定义栅格的间距。
● "极轴间距"选项组：用于控制极轴捕捉增量的距离。

工程师点拨

【3-7】捕捉间距和栅格间距

在设置捕捉间距时，不需要和栅格间距相同。例如，用户可以设置较宽的栅格间距用作参照，但是使用较小的捕捉间距，则可以保证定位点时的精确性。

● "捕捉类型"选项组：在该选项组中，用户可以进一步选择"矩形捕捉"或"等轴测捕捉"

样式；若选择PolarSnap类型，则可以设置"极轴间距"选项组中的"极轴距离"参数。

工程师点拨

【3-8】设置栅格间距

如果栅格间距设置得太小，当进行"打开栅格"操作时，系统会提示"栅格太密，无法显示"的信息，而不在屏幕上显示栅格。或者使用"缩放"命令时，将图层缩放到很小，也会出现同样的提示。

3.4.2 正交模式

正交模式是在任意角度和直角之间进行切换，在绘图过程中使用正交功能，可以将光标限制在水平或垂直方向上移动，以便于精确地创建和修改对象，取消该模式则可沿任意角度进行绘制。通过以下方法可以打开或关闭正交模式。

- 在状态栏中单击"正交模式"按钮▐▶。
- 按F8键进行切换。

3.4.3 对象捕捉

对象捕捉是通过已存在的实体对象的特殊点或特殊位置来确定点的位置，对象捕捉有两种方式，一种是自动对象捕捉，另一种是临时对象捕捉。

临时对象捕捉主要通过"对象捕捉"工具栏实现，执行"工具>工具栏>AutoCAD>对象捕捉"菜单命令，即可打开"对象捕捉"工具栏，如图3-15所示。

图3-15 "对象捕捉"工具栏

在执行自动对象捕捉操作前，首先要设置好需要的对象捕捉点，以后当光标移动到这些对象捕捉点附近时，系统就会自动捕捉到这些点。如果把光标放在捕捉点上多停留一会，系统还会显示捕捉的提示，这样在选点之前，就可以预览和确认捕捉点。用户可以通过以下方法打开或关闭对象捕捉模式。

- 单击状态栏中的"对象捕捉"按钮□。
- 在状态栏中右击"对象捕捉"按钮，然后选择或取消选择"启用"命令。
- 按F3键进行切换。

在"草图设置"对话框中选择"对象捕捉"选项卡，可以设置自动对象捕捉模式，如图3-16所示。

在该选项卡下的"对象捕捉模式"选项组中，列出了13种对象捕捉点和对应的捕捉标记。需要捕捉哪些对象捕捉点，就勾选这些选项前面的复选框。各个捕捉点的含义介绍如下。

- 端点□：捕捉直线、圆弧或多段线离拾取点最近的端点，以及离拾取点最近的填充直线、填充多边形或3D面的封闭角点。

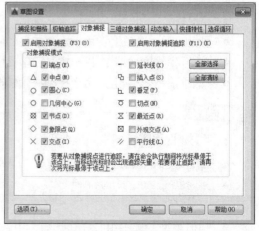

图3-16 "对象捕捉"选项卡

- 中点△：捕捉直线、多段线、圆弧的中点。
- 圆心○：捕捉圆弧、圆、椭圆的中心。
- 节点⊠：捕捉点对象。
- 象限点◇：捕捉圆弧、圆和椭圆上0°、90°、180°和270°处的点。
- 交点×：捕捉直线、圆弧、圆、多段线和另一直线、多段线、圆弧或圆的任何组合最近的交点。如果第一次拾取时选择了一个对象，命令行提示输入第二个对象，并捕捉两个对象真实的或延伸的交点。该模式不能和"外观交点"模式同时有效。
- 延长线┅：用于捕捉直线延长线上的点。当光标移出对象的端点时，系统将显示沿对象轨迹延伸出来的虚拟点。
- 插入点⌐⌐：捕捉图形文件中的文本、属性和符号的插入点。
- 垂足┖：捕捉直线、圆弧、圆、椭圆或多段线上的一点，已选定的点到该捕捉点的连线与所选择的实体垂直。
- 切点○：捕捉圆弧、圆或椭圆上的切点，该点和另一点的连线与捕捉对象相切。
- 最近点⊠：用于捕捉直线、弧或其他实体上离靶区中线最近的点。一般是端点、垂直点或交点。
- 外观交点⊠：功能与"交点"复选框相同，只是它还可以捕捉3D空间中两个对象的视图交点（这两个对象实际上不一定相交，但看上去相交）。在2D空间中，捕捉外观交点和捕捉交点模式是等效的。
- 平行线∥：用于捕捉通过已知点且与已知直线平行的直线的位置。

工程师点拨

【3-9】对象捕捉的使用

（1）对象捕捉不可单独使用，必须配合别的绘图命令一起使用。仅当AutoCAD提示输入点时，对象捕捉才生效。如果试图在命令提示下使用对象捕捉，系统将会显示错误信息。

（2）对象捕捉只影响屏幕上可见的对象，包括锁定图层、布局视口边界和多段线上的对象；不能捕捉不可见的对象，如未显示的对象、关闭或冻结图层上的对象、虚线的空白部分。

3.4.4 对象捕捉追踪

对象捕捉追踪与极轴追踪是AutoCAD 2016提供的两个可以进行自动追踪的辅助绘图功能，即可以自动追踪记忆同一命令操作中光标所经过的捕捉点，从而以其中某一捕捉点的X坐标或Y坐标控制用户所要选择的定位点。

用户可以通过以下方法打开或关闭"对象捕捉追踪"功能。
- 在状态栏中单击"对象捕捉追踪"按钮∠。
- 在状态栏中右击"对象捕捉追踪"按钮，然后选择或取消选择"启用"命令。
- 按F3键进行切换。

工程师点拨

【3-10】对象追踪与对象捕捉的特点

对象追踪模式必须与对象捕捉模式同时工作，即在追踪对象捕捉到点之前，必须先打开对象捕捉功能。

3.4.5 极轴追踪

极轴追踪的追踪路径是由相对于命令起点和端点的极轴定义的。极轴角是指极轴与X轴或前面绘制对象的夹角，如图3-17所示。用户可以通过以下方法打开或关闭极轴追踪功能。

● 在状态栏中单击"极轴追踪"按钮 ⊄。

● 在状态栏中右击"极轴追踪"按钮，然后选择或取消选择"启用"命令。

● 按F10键进行切换。

在"草图设置"对话框的"极轴追踪"选项卡中，用户可对极轴追踪进行相关设置，如图3-18所示。

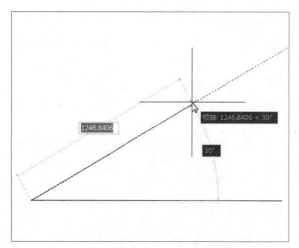

图3-17　极轴追踪绘图　　　　　　　　　　图3-18　"极轴追踪"选项卡

"极轴追踪"选项卡下各选项功能介绍如下：

● "启用极轴追踪"复选框：用于打开或关闭极轴追踪模式。

● "增量角"选项：选择极轴角的递增角度，AutoCAD 2016按增量角的整体倍数确定追踪路径。

● "附加角"复选框：可沿某些特殊方向进行极轴追踪。若按30°增量角的整数倍角度追踪的同时，追踪15°角的路径，可勾选"附加角"复选框，单击"新建"按钮，在文本框中输入15即可。

● "对象捕捉追踪设置"选项组：设置对象捕捉追踪的方式。

● "极轴角测量"选项组：定义极轴角的测量方式。"绝对"表示以当前UCS的X轴为基准计算极轴角，"相对上一段"表示以最后创建的对象为基准计算极轴角。

工程师点拨

【3-11】正交模式和极轴追踪

在AutoCAD中，不能同时打开正交模式和极轴追踪。当打开正交模式时，系统会自动关闭极轴追踪；如果再次打开极轴追踪，则会自动关闭正交模式。

3.4.6 查询距离、面积和点坐标

在AutoCAD 2016中，用户可以使用查询工具查询图形的基本信息，例如面积、距离以及点坐标等，如图3-19所示。

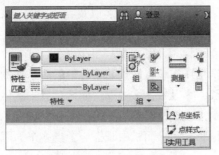

图3-19 展开"实用工具"选项组

1. 距离查询

距离查询是测量两个点之间的最短长度值,是最常用的查询方式。在使用距离查询工具的时候,只需要指定要查询距离的两个端点,系统将自动显示出两个点之间的距离。通过以下方法可以执行"距离"命令。

- 执行"工具>查询>距离"命令。
- 在"默认"选项卡的"实用工具"选项组中单击"距离"按钮▭。
- 在命令行输入DIST,然后按回车键。

示例 使用"距离"查询命令测量对象间的距离

步骤01 单击"实用工具"选项组中的"距离"按钮▭,根据命令提示,在要进行测量的图形对象上选取两个点,即可在光标附近查看该对象距离值,如图3-20所示。

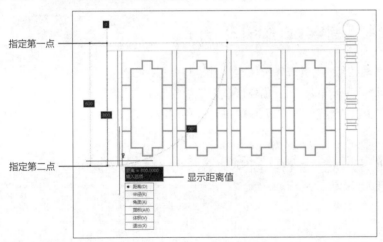

指定第一点

指定第二点

显示距离值

图3-20 测量距离

步骤02 在命令行中输入X,然后按回车键,即可退出测量距离操作,此时系统将在命令行或Auto-CAD文本窗口中显示这两点之间的距离值。

2. 面积查询

利用查询面积功能,可以测量对象及所定义区域的面积和周长。用户可以通过下列方法启动"面积查询"命令。

- 执行"工具>查询>面积"命令。
- 在"默认"选项卡的"实用工具"选项组中单击"面积"按钮▭。
- 在命令行输入AREA,然后按回车键。

执行以上任意一种操作后，命令行的提示内容以及各选项的含义介绍如下。

指定第一个角点或 [对象 (O) / 增加面积 (A) / 减少面积 (S) / 退出 (X)] 〈对象 (O)〉：

- 指定第一角点：可以查询由所有角点围成的多边形的面积和周长。
- 对象：可以查询圆、椭圆、多段线、多边形、面域和三维实体的表面积和周长。
- 增加面积：是指通过指定点或选择对象测量多个面积之和（总面积）。
- 减少面积：是指从已经计算的组合面积中减去一个或多个面积。

3. 查询点的坐标

利用点坐标的查询，可以获得图形中任一点的三维坐标。用户可以通过下列方式启动点坐标查询命令。

- 执行"工具>查询>点坐标"命令。
- 在"默认"选项卡的"实用工具"选项组中单击"点坐标"按钮。
- 在命令行中输入ID，然后按回车键。

执行以上任意一种操作后，命令行提示内容如下。

命令：'_id 指定点： X = ＊＊＊＊   Y = ＊＊＊＊   Z = ＊＊＊＊

上机实践：创建建筑图纸图层

- ■**实践目的：** 通过本实训帮助读者掌握图层的创建与设置，以便提高绘图效率。
- ■**实践内容：** 应用本章所学的知识，创建建筑图纸绘制中需要用到的图层。
- ■**实践步骤：** 在"图层特性管理器"面板中进行颜色与线宽的设置，具体操作介绍如下。

步骤01 打开"图层特性管理器"面板，如图3-21所示。

步骤02 单击"新建"按钮，创建一个图层，将其命名为"轴线"，如图3-22所示。

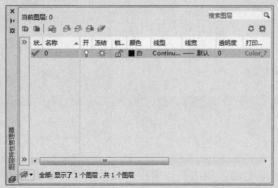

图3-21 打开"图层特性管理器"面板

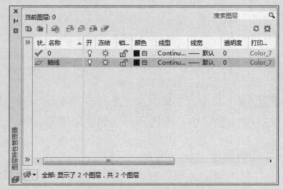

图3-22 新建图层

步骤03 单击颜色设置按钮，打开"选择颜色"对话框，颜色选择红色后，单击"确定"按钮，如图3-23所示。

步骤04 单击线型设置按钮，打开"选择线型"对话框，如图3-24所示。

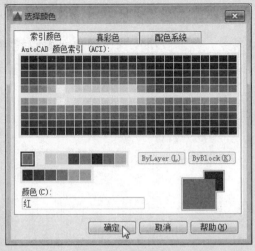

图3-23 选择颜色

图3-24 "选择线型"对话框

步骤05 单击"加载"按钮，打开"加载或重载线型"对话框，从中选择合适的线型，这里选择CENTER选项，如图3-25所示。

步骤06 单击"确定"按钮返回到"选择线型"对话框，继续单击"确定"按钮，如图3-26所示。

图3-25 加载线型

图3-26 选择线型

步骤07 即可创建轴线图层，如图3-27所示。

步骤08 继续创建外墙线、装修线、填充线、标注线等图层，完成图层的创建，如图3-28所示。

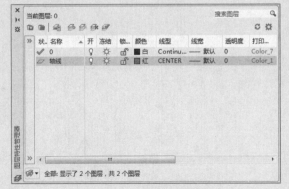

图3-27 创建轴线图层

图3-28 创建其他图层

课后练习

通过本章的学习，相信大家对AutoCAD的坐标系统、绘图环境的设置、图层的创建与设置以及绘图辅助功能知识有了一定的认识。下面再结合习题，回顾AutoCAD中常见常用辅助绘图设置的操作知识。

1. 填空题

（1）在AutoCAD中，用户可通过_____命令进行坐标系的转换。

（2）在AutoCAD 2016中，单击"默认"选项卡下"图层"选项组中的_____命令，可打开_____对话框，从而设置和管理图层。

（3）在AutoCAD中，系统默认的线型是_____。

2. 选择题

（1）AutoCAD的坐标系，包括世界坐标和（　　　）坐标系。

    A、绝对坐标　　　　　　　　　　B、平面坐标

    C、相对坐标　　　　　　　　　　D、用户坐标

（2）使用极轴追踪绘图模式时，必须指定（　　　）。

    A、基点　　　　　　　　　　　　B、附加角

    C、增量角　　　　　　　　　　　D、长度

（3）为了切换打开和关闭正交模式，可以按（　　　）功能键。

    A、F8　　　　　　　　　　　　　B、F3

    C、F4　　　　　　　　　　　　　D、F2

（4）AutoCAD图形文件的扩展名为（　　　）。

    A、DWF　　　　　　　　　　　　B、DWS

    C、DWG　　　　　　　　　　　　D、DWT

3. 操作题

（1）新建一个图形文件，以"写字楼平面图"为文件名并保存文件。创建墙、轴线、门窗、文字等图层，并设置各个图层的颜色、线型、线宽等，如图3-29所示。

（2）利用查询功能标注居室套内面积，如图3-30所示。

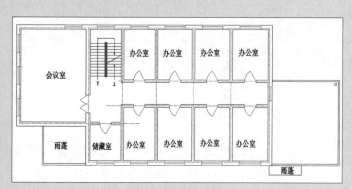

图3-29　设置图层

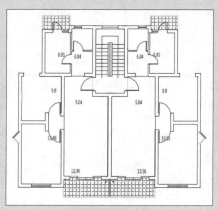

图3-30　绘制门

Chapter

04

建筑图形
基本元素的绘制

✛ 课题概述

图形是由一些基本图形单元，如点、直线、圆、椭圆、圆弧和多段线等组成的。AutoCAD 2017提供了强大的图形绘制功能，掌握这些绘图工具的使用方法和技巧，是各种建筑平面图、立面图或结构施工图绘制的基本要求。本章将向读者介绍如何利用AutoCAD 2016软件来创建一些简单的二维图形。

✛ 教学目标

通过对本章内容的学习，读者可以熟悉并掌握一些二维图形的绘制方法和技巧，以便更好地绘制出复杂的二维图形。

✛ 章节重点

★★★★　绘制椭圆、圆弧
★★★★　绘制正多边形
★★★　绘制矩形
★★　绘制线
★　绘制点

✛ 光盘路径

上机实践：实例文件\第4章\上机实践
课后练习：实例文件\第4章\课后练习

4.1 点对象的绘制

在建筑图形中，点是构成图形最简单的几何元素，在利用AutoCAD绘制图形时，点通常作为对象捕捉的参考点，例如标记对象的节点、参考点和圆心点等。

4.1.1 点样式的设置

在绘制建筑图形过程中，往往需要将某个对象的等分点标记出来，而默认的点样式在图中是不显示的，因此需要对点样式进行重新定义。

在菜单栏中执行"格式>点样式"命令，打开"点样式"对话框，如图4-1所示。在该对话框中，用户可以根据需要选择相应的点样式，若选中"相对于屏幕设置大小"单选按钮，则在"点大小"数值框中输入的是百分数；若选中"按绝对单位设置大小"单选按钮，则在"点大小"数值框中输入的是实际单位。

当上述设置完成后，执行点命令，新绘制的点以及先前绘制的点的样式将会以新的点类型和尺寸显示。

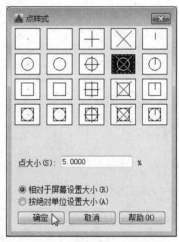

图4-1 "点样式"对话框

> **工程师点拨**
>
> **【4-1】打开"点样式"对话框**
>
> 在命令行中输入DDPTYPE命令，然后按回车键，即可打开"点样式"对话框。

4.1.2 绘制点

设置点样式后，在菜单栏执行"绘图>点>单点"命令，通过在绘图区中单击鼠标左键或输入点的坐标值指定点，即可绘制单点。

在菜单栏执行"绘图>点>多点"命令，即可连续绘制多个点。多点的绘制与单点绘制相同，只不过在菜单栏中执行"单点"命令后，一次只能创建一个点，而在菜单栏中执行"多点"命令，则一次能创建多个点。

命令行提示如下：

```
命令：
POINT
当前点模式： PDMODE=0  PDSIZE=0.0000
指定点：
```

4.1.3 绘制等分点

在AutoCAD中除了可以绘制单独的点，还可以绘制等分点和等距点，即定数等分点和定距等分点，利用该功能可将对象按指定数目或指定长度等分。该操作并不将对象实际等分为单独对象，仅仅是标明等分的位置，以便将它们作为几何参考点。

1. 定数等分

使用"定数等分"命令，可以将所选对象按指定的线段数目进行平均等分。这个操作并不将对象实际等分为单独的对象，仅仅是标明定数等分点的位置，以便将它们作为几何参考点。

在AutoCAD 2016中，用户可以通过以下方法执行"定数等分"命令。

- 在菜单栏中执行"绘图>点>定数等分"命令。
- 在"默认"选项卡下的"绘图"选项组中单击"定数等分"按钮<img_alt>。
- 在命令行中输入DIVIDE，然后按回车键。

命令行提示如下：

```
命令：_divide
选择要定数等分的对象：
输入线段数目或 [块(B)]：
```

示例4-1 **使用"定数等分"命令，绘制旋转楼梯图形**

步骤01 打开素材图形，可以看到两条间距为1200mm的弧线，如图4-2所示。

步骤02 执行"绘图>点>定数等分"命令，选择其中一条弧线，根据命令行提示输入线段数目为14，如图4-3所示。

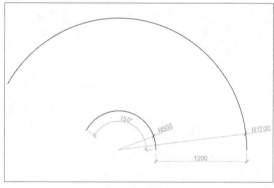

图4-2 打开素材

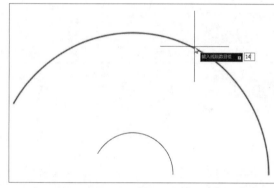

图4-3 设置线段数目

步骤03 按回车键即可完成定数等分操作，再对另一条弧线执行相同的操作，即可将两条弧线都等分为14份，选择图形可看到等分点，如图4-4所示。

步骤04 执行"绘图>直线"命令，捕捉等分点绘制直线，如图4-5所示。

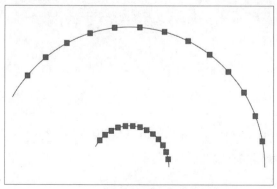

图4-4 定数等分效果

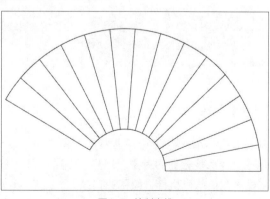

图4-5 绘制直线

步骤05 最后对图形进行偏移操作，再添加指示箭头和文字，完成旋转楼梯图形的绘制，如图4-6所示。

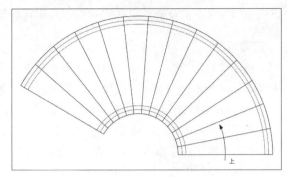

图4-6　完成绘制

2. 定距等分

使用"定距等分"命令，可以从选定对象的某一个端点开始，按照指定的长度开始划分，等分对象的最后一段可能要比指定的间隔短。

在AutoCAD 2016中，用户可以通过以下方法在执行"定距等分"命令。

- 在菜单栏执行"绘图>点>定距等分"命令。
- 在"默认"选项卡下的"绘图"选项组中单击"定距等分"按钮。
- 在命令行中输入MEASURE，然后按回车键。

命令行提示如下：

```
命令：_measure
选择要定距等分的对象：
指定线段长度或 [块(B)]：50
```

工程师点拨

【4-2】等分起点

定距等分或定数等分的起点随对象类型变化。对于直线或非闭合的多段线，起点是距离选择点最近的端点；对于闭合的多段线，起点是多段线的起点；对于圆，起点是以圆心为点、当前捕捉角度为方向的捕捉路径与圆的交点。

4.2　线对象的绘制

在AutoCAD 2016中，线条的类型包括直线、射线、构造线、多线、多段线、样条曲线以及矩形等，下面将为用户介绍各种线的绘制方法和功能。

4.2.1　绘制直线

直线是AutoCAD中最基本的对象之一，既可以是一条线段，也可以是一系列相连的直线，但每条直线都是独立的对象。用户可以通过以下方法执行"直线"命令。

- 在菜单栏执行"绘图>直线"命令。
- 在"默认"选项卡下的"绘图"选项组中单击"直线"按钮。

● 在命令行中输入快捷命令L，然后按回车键。

命令行提示如下：

```
命令：_line
指定第一个点：
指定下一点或 [放弃(U)]：〈正交 开〉200
指定下一点或 [放弃(U)]：
```

4.2.2 绘制射线

射线是由两点确定的一条单方向无限长的线性图形，其中指定的第一点为射线起点，第二点的位置决定了射线的延伸方向，常用于绘制标高的参考辅助线以及角的平分线。用户可以通过以下方法执行"射线"命令。

● 在菜单栏执行"绘图>射线"命令。

● 在"默认"选项卡的"绘图"选项组中单击"射线"按钮。

● 在命令行中输入RAY，然后按回车键。

命令行提示如下：

```
命令：_ray 指定起点：
指定通过点：
```

在菜单栏中执行"射线"命令后，先指定射线的起点，再指定通过点，即可绘制一条射线，如图4-7所示。指定射线的起点后，可在"指定通过点:"提示下指定多个通过点，绘制以起点为端点的多条射线，直到按Esc键或Enter键退出为止，如图4-8所示。

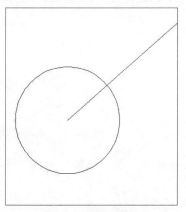

图4-7　绘制一条射线

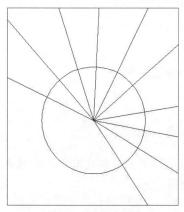

图4-8　绘制多条射线

4.2.3 绘制构造线

构造线是无限延伸的线，可以用来作为创建其他直线的参照，创建出水平、垂直并具有一定角度的构造线。构造线也起到辅助制图的作用，用户可以通过以下方法执行"构造线"命令。

● 在菜单栏执行"绘图>构造线"命令。

● 在"默认"选项卡下的"绘图"面板中单击"构造线"按钮。

● 在命令行中输入快捷命令XL，然后按回车键。

命令行提示如下：

```
命令：_xline
指定点或 ［水平(H)/垂直(V)/角度(A)/二等分(B)/偏移(O)］：
指定通过点：
```

4.2.4 绘制多段线

　　多段线是由相连的直线段和弧线段序列组成，可作为单一对象使用，并作为整体对象来编辑。多段线可以设置宽度，并且可以在不同的段中设置不同的线宽，也可使其中的一段线段始末端点具有不同的线宽，这在绘制楼图起跑方向线上经常用到。用户可通过下列方法执行"多段线"命令。

- 在菜单栏执行"绘图>多段线"命令。
- 在"默认"选项卡下的"绘图"选项组中单击"多段线"按钮。
- 在命令行中输入快捷命令PL，然后按回车键。

命令行提示如下：

```
命令：_pline
指定起点：
当前线宽为 0.0000
指定下一个点或 ［圆弧(A)/半宽(H)/长度(L)/放弃(U)/宽度(W)］：
指定下一点或 ［圆弧(A)/闭合(C)/半宽(H)/长度(L)/放弃(U)/宽度(W)］：
```

示例4-2 使用"多段线"命令绘制图形

步骤01 单击"默认"选项卡下"绘图"选项组中的"多段线"按钮，在绘图窗口中指定多段线的起点后，输入点坐标（@500,0），如图4-9所示。

步骤02 输入A并按回车键，选择"圆弧"选项，然后输入点坐标（@0,300），如4-10所示。

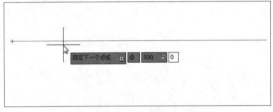

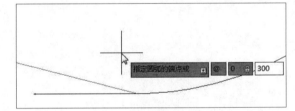

图4-9　指定多段线的起点　　　　　　　　　　图4-10　输入坐标点

步骤03 按回车键后，圆弧绘制完毕。然后输入L并按回车键，选择"直线"选项，输入点坐标（-250,0），如4-11所示。

步骤04 输入W并按回车键，选择"宽度"选项，然后设置起点宽度为60mm，端点宽度为0mm，最后指定一点并按回车键确认，完成图形的绘制，如图4-12所示。

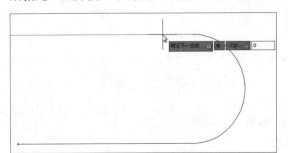

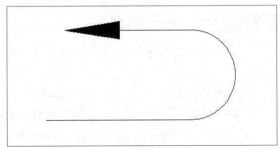

图4-11　确定端点　　　　　　　　　　　　图4-12　绘制完成

4.2.5 绘制多线

多线是一种间距和数目均可以调整的平行线组对象，可包含1~16条平行线，主要用于绘制建筑墙体。

1. 创建多线样式

在AutoCAD 2016中，通过创建多线样式，可设置其线条数目、对齐方式和线型等属性，以便绘制出合适的多线样式。用户可以通过以下方法执行"多线样式"命令。

● 在菜单栏中执行"格式>多线样式"命令。

● 在命令行中输入MLSTYLE，然后按回车键。

在菜单栏执行"多线样式"命令后，系统将弹出"多线样式"对话框，如图4-13所示。

该对话框中各选项的含义介绍如下。

● "新建"按钮：用于新建多线样式。单击此按钮，可以打开"创建新的多线样式"对话框，如图4-14所示。

图4-13 "多线样式"对话框 　　　　　图4-14 "创建新的多线样式"对话框

● "加载"按钮：从多线文件中加载已定义的多线。单击此按钮，可打开"加载多线样式"对话框，如图4-15所示。

● "保存"按钮：用于将当前的多线样式保存到多线文件中。单击此按钮，可打开"保存多线样式"对话框，从中可对文件的保存位置与名称进行设置。

在"创建新的多线样式"对话框中输入样式名，然后单击"继续"按钮，即可打开"新建多线样式"对话框，在该对话框中可设置多线样式的特性，如线条数目、颜色、线型等，如图4-16所示。

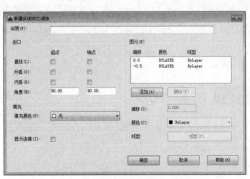

图4-15 "加载多线样式"对话框 　　　　图4-16 "新建多线样式"对话框

"新建多线样式"对话框中各选项的含义介绍如下。

● "说明"文本框：为多线样式添加说明。

● "封口"选项组：该选项组用于设置多线起点和端点处的封口样式。"直线"参数表示多线起点或端点处以一条直线封口；"外弧"和"内弧"参数表示起点或端点处以外圆弧或内圆弧封口；"角度"参数用于设置圆弧包角。

● "填充"选项组：该选项组用于设置多线之间内部区域的填充颜色，可以通过"选择颜色"对话框选取或配置颜色系统。

● "图元"选项组：该选项组用于显示并设置多线的平行数量、距离、颜色和线型等属性。"添加"按钮用于向其中添加新的平行线；"删除"按钮用于删除选取的平行线；"偏移"文本框用于设置平行线相对于多线中心线的偏移距离；"颜色"和"线型"选项用于设置多线显示的颜色或线型。

2. 绘制多线

多线的绘制方法与其他线性对象的绘制方法一样，依次指定多个点确定多线的路径，沿路径将显示多条平行线。在AutoCAD 2016中，用户可以通过以下方法执行"多线"命令。

● 在菜单栏执行"绘图>多线"命令。

● 在命令行中输入快捷命令ML，然后按回车键。

命令行提示如下：

```
命令：MLINE
当前设置：对正 = 上，比例 = 20.00，样式 = STANDARD
指定起点或 [对正(J)/比例(S)/样式(ST)]：s
输入多线比例 <20.00>：240
当前设置：对正 = 上，比例 = 240.00，样式 = STANDARD
指定起点或 [对正(J)/比例(S)/样式(ST)]：j
输入对正类型 [上(T)/无(Z)/下(B)] <上>：Z
当前设置：对正 = 无，比例 = 240.00，样式 = STANDARD
指定起点或 [对正(J)/比例(S)/样式(ST)]：
指定下一点或 [闭合(C)/放弃(U)]：
```

4.3 矩形和正多边形的绘制

矩形和多边形均是由直线组成的封闭图形。在建筑绘图中，经常利用矩形工具绘制建筑外部轮廓线，以及建筑图中的柱体，而利用正多边形工具可以快速绘制等边三角形、正四边形、五边形或六边形等图形。

4.3.1 绘制矩形

矩形是最常用的几何图形，用户可以通过以下方式调用矩形命令：

● 在菜单栏执行"绘图>矩形"命令。

● 在"默认"选项卡下的"绘图"选项组中单击"矩形"按钮 。

● 在命令行输入RECTANG命令并按回车键。

多命令行提示如下：

```
命令：_rectang
指定第一个角点或 [倒角(C)/标高(E)/圆角(F)/厚度(T)/宽度(W)]：
指定另一个角点或 [面积(A)/尺寸(D)/旋转(R)]：@100,100
```

矩形分为普通矩形、倒角矩形和圆角矩形，用户可以随意指定矩形的两个对角点创建矩形，也可以指定面积和尺寸创建矩形。下面将对其绘制方法进行介绍。

1. 绘制普通矩形

在"默认"选项卡下的"绘图"选项组中单击"矩形"按钮 □▾。在任意位置指定第一个角点，根据提示输入D，并按回车键，输入矩形的长度为600mm和宽度为400mm后按回车键，然后单击鼠标左键，即可绘制一个长为600mm，宽为400mm的矩形，如图4-17所示。

2. 绘制倒角矩形

在菜单栏执行"绘图>矩形"命令。根据命令行提示输入C，输入倒角距离为80mm，再输入长度和宽度分别为600mm和400mm，单击鼠标左键即可绘制倒角矩形，如图4-18所示。

3. 绘制圆角矩形

在命令行输入RECTANG命令并按回车键。根据提示输入F，设置半径为50mm，然后指定两个对角点，即可完成绘制圆角矩形的操作，如图4-19所示。

图4-17 普通矩形

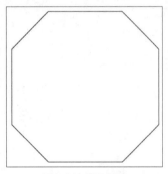

图4-18 倒角矩形

图4-19 圆角矩形

工程师点拨

【4-3】设置矩形的线宽

用户可以根据需要设置矩形的线宽，即在菜单栏执行"绘图>矩形"命令。根据提示输入W，再输入线宽的数值，指定两个对角点，即可绘制一个有一定线宽的矩形，如图4-20所示。

图4-20 带有宽度的圆角矩形

4.3.2 绘制正多边形

正多边形是由多条边长相等的闭合线段组合而成的，其各边相等，各角也相等。默认情况下，正多边形的边数为4。图4-21、4-22、4-23为正方形、正五边形以及正八边形。

图4-21　正方形

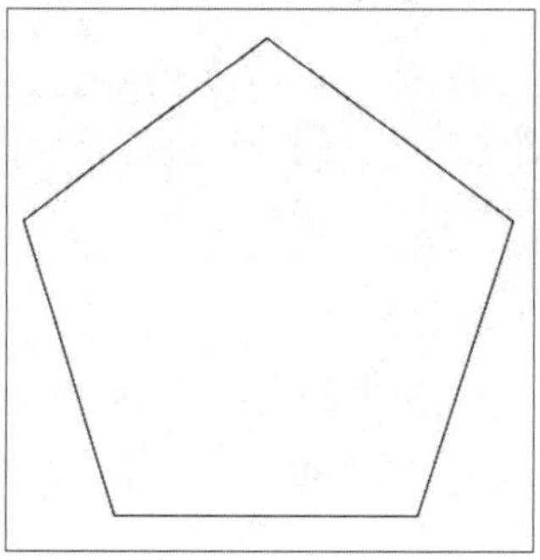

图4-22　正五边形

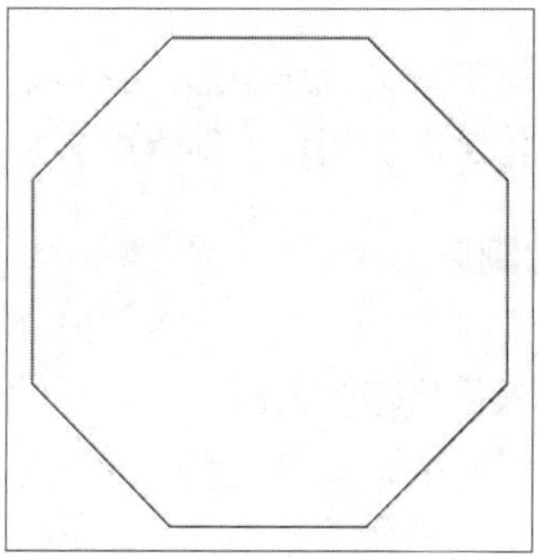

图4-23　正八边形

用户可以通过以下方法执行"多边形"命令。

● 在菜单栏执行"绘图>多边形"命令。

● 在"默认"选项卡下的"绘图"选项组中单击"多边形"按钮⬠。

● 在命令行中输入快捷命令POL，然后按回车键。

命令行提示如下：

```
命令：
命令：_polygon 输入侧面数 <4>: 6
指定正多边形的中心点或 [边(E)]：
输入选项 [内接于圆(I)/外切于圆(C)] <I>: C
指定圆的半径：20
```

根据命令提示中的选项可以看出，正多边形可以通过与假想的圆内接或外切的方法来绘制，也可以通过指定正多边形某一边端点的方法来绘制。

1. 内接于圆

"内接于圆"方法是先确定正多边形的中心位置，然后输入外接圆的半径，所输入的半径值是多边形的中心点到多边形任意端点间的距离，整个多边形位于一个虚构的圆中。

2. 外切于圆

"外切于圆"方法同"内接于圆"的方法一样，确定中心位置，输入圆的半径，但所输入的半径值为多边形的中心点到边线中点的垂直距离。

3. 边长确定正多边形

该方法是通过输入长度数值或指定两个端点来确定正多边形的一条边，来绘制多边形。在绘图区域指定两点或在指定一点后输入边长数值，即可绘制出所需的多边形。

4.4 绘制建筑曲线对象

在绘制的建筑图形中，不仅包括直线、矩形等规则的线性对象，还包括圆、圆弧和样条曲线等不规则的曲线对象。这些曲线对象经常用来绘制门窗的装饰图案，或者一些小的建筑构件。

4.4.1 绘制圆

在绘图过程中，"圆"命令是常用的绘图命令之一。圆弧是圆的一部分。用户可以通过以下方法执行"圆"命令。

- 在菜单栏中选择"绘图>圆"子菜单中的命令。
- 在"默认"选项卡下的"绘图"选项组中单击"圆"下拉按钮，在展开的下拉菜单中将显示6种绘制圆的选项，从中进行选择即可。
- 在命令行中输入快捷命令C，然后按回车键。

1."圆心，半径"或"圆心，直径"命令

该方法是绘制圆时最为常用的方法，只需要在绘图区指定一点作为圆心，然后输入半径值或直径值，即可完成圆的绘制。

命令行提示如下：

```
命令：_circle
指定圆的圆心或 [三点(3P)/两点(2P)/切点、切点、半径(T)]：
指定圆的半径或 [直径(D)]：50
```

2."相切，相切，半径"命令

在绘图过程中，如果需要绘制与两条对象相切的圆，可一次选取这两条相切线，然后输入所绘制圆的半径值即可。

在绘制圆的过程中，如果指定圆的半径或直径的值无效，系统会提示"需要数值距离或第二点"、"值必须为正且非零"等信息，用户可以提示重新输入，或者退出该命令。

命令行提示如下：

```
命令：_circle
指定圆的圆心或 [三点(3P)/两点(2P)/切点、切点、半径(T)]：_ttr
指定对象与圆的第一个切点：
指定对象与圆的第二个切点：
指定圆的半径 <34.2825>：40
```

> **工程师点拨**
>
> **【4-4】"相切，相切，半径"命令**
>
> 在使用"相切，相切，半径"命令时，需要先指定与圆相切的两个对象，系统总是在拾取点最近的位置绘制相切的圆。拾取相切对象时，所拾取的位置不同，最后得到的结果有可能也不同。

4.4.2 绘制圆弧

绘制圆弧一般需要指定三个点，圆弧的起点、圆弧上的点和圆弧的端点。而在AutoCAD 2016中，绘制圆弧的方法有11种，"三点"命令为系统默认绘制方式，用户可以通过以下方法执行"圆弧"命令。

● 在菜单栏中选择"绘图>圆弧"子菜单中的命令。

● 在"默认"选项卡的"绘图"选项组中单击"圆弧"下拉按钮，在展开的下拉菜单中选择合适方式即可，如图4-24所示。

命令行提示如下：

```
命令：_arc
指定圆弧的起点或 [圆心(C)]:
指定圆弧的第二个点或 [圆心(C)/端点(E)]:
指定圆弧的端点：
```

下面将对"圆弧"列表中各命令选项的功能进行介绍。

● "三点"选项：通过指定三个点来创建一条圆弧曲线。第一个点为圆弧的起点，第二个点为圆弧上的点，第三个点为圆弧的端点。

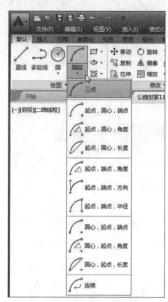

图4-24 绘制圆弧的命令

● "起点，圆心，端点"选项：指定圆弧的起点、圆心和端点来进行绘制。

● "起点，圆心，角度"选项：指定圆弧的起点、圆心和角度来进行绘制。在输入角度值时，若当前环境设置的角度方向为逆时针方向，且输入的角度值为正，则从起始点绕圆心沿逆时针方向绘制圆弧；若输入的角度值为负，则沿顺时针方向绘制圆弧。

● "起点，圆心，长度"选项：指定圆弧的起点、圆心和长度绘制圆弧。所指定的弦长不能超过起点到圆心距离的两倍。如果弦长的值为负值，则该值的绝对值将作为对应整圆的空缺部分圆弧的弦长。

● "起点，端点，角度"选项：指定圆弧的起点、端点和角度来进行绘制。

● "起点，端点，方向"选项：指定圆弧的起点、端点和方向来进行绘制。移动光标指定起点切向时，系统会在当前光标与圆弧起始点之间形成一条橡皮筋线，此橡皮筋线即可为圆弧在起始点的切线。通过拖动鼠标确定圆弧在起始点处的切线方向后单击鼠标，即可得到相应的圆弧。

● "起点，端点，半径"选项：指定圆弧的起点、端点和半径来进行绘制。

● "圆心，起点"命令组：指定圆弧的圆心和起点后，再根据需要指定圆弧的端点、角度或长度来进行绘制。

● "连续"选项：使用该方法绘制的圆弧将与最后一个创建的对象相切。

4.4.3 绘制圆环

圆环是由两个同心圆组成的封闭环状区域，分为填充环和实体填充圆，主要用于三维建模中创建管道时的模型截面，也可以用作室内或室外装饰性图案的绘制。其中控制圆环的主要参数是圆心、内直径以及外直径。用户可通过以下方法执行"圆环"命令。

● 在菜单栏执行"绘图>圆环"命令。

● 在"默认"选项卡的"绘图"选项组中单击"圆环"按钮◎。

- 在命令行输入快捷命令DO，然后按回车键。

命令行提示如下：

```
命令：_donut
指定圆环的内径 <25.8308>：50
指定圆环的外径 <50.0000>：20
指定圆环的中心点或 <退出>：
指定圆环的中心点或 <退出>：* 取消 *
```

4.4.4 绘制椭圆

椭圆曲线有长半轴和短半轴之分，长半轴与短半轴的值决定了椭圆曲线的形状。设置椭圆的起始角度和终止角度，可以绘制椭圆弧。用户可以通过以下方法执行"椭圆"命令。

- 在菜单栏中选择"绘图>椭圆"子菜单中的"圆心"或"轴，端点"命令。
- 在"默认"选项卡的"绘图"选项组中单击"椭圆"下拉按钮，在展开的下拉菜单中选择"圆心"选项◎或"轴，端点"选项◎。
- 在命令行中输入快捷命令EL，然后按回车键。

命令行提示如下：

```
命令：_ellipse
指定椭圆的轴端点或 [圆弧(A)/中心点(C)]：_c
指定椭圆的中心点：
指定轴的端点：100
指定另一条半轴长度或 [旋转(R)]：60
```

1. "中心点"命令

"中心点"方式是通过指定椭圆的圆心、长半轴的端点以及短半轴的长度绘制椭圆。

2. "轴，端点"命令

该方式是在绘图区域直接指定椭圆一轴的两个端点，并输入另一条半轴的长度，即可完成椭圆弧的绘制。

工程师点拨

【4-5】系统变量 Pellipse

系统变量Pellipse决定椭圆的类型，当该变量为0时，所绘制的椭圆是由NURBS曲线表示的真椭圆。当该变量设置为1时，所绘制的椭圆是由多段线近似表示的椭圆，调用ellipse命令后没有"圆弧"选项。

4.4.5 绘制修订云线

修订云线是由连续圆弧组成的多段线，用于在检查阶段提醒用户注意图形的某个部分。用户可以通过以下方法执行"修订云线"命令。

- 在菜单栏执行"绘图>修订云线"命令。
- 在"默认"选项卡的"绘图"选项组中单击"修订云线"按钮◎。
- 在命令行中输入REVCLOUD，然后按回车键。

命令行的提示如下：

```
命令：_revcloud
最小弧长：0.5    最大弧长：0.5    样式：普通
指定起点或 [弧长(A)/对象(O)/样式(S)]<对象>：
沿云线路径引导十字光标 ...
修订云线完成。
```

4.4.6 绘制样条曲线

样条曲线是由一些列控制点定义的可以任意弯曲的光滑曲线，该曲线经常在建筑图中用于表示地形地貌等。曲线的大致形状和曲线与点的拟合程度均由这些控制点控制，任意拖动控制点可以进行灵活地调整，以获得所需的形状。用户可以通过以下方法执行"样条曲线"命令。

● 在菜单栏中选择"绘图>样条曲线"子菜单中的命令。
● 在"默认"选项卡的"绘图"选项组中单击"样条曲线拟合"按钮 或"样条曲线控制点"
  按钮 。
● 在命令行中输入快捷命令SPL，然后按回车键。

在菜单栏执行"样条曲线"命令后，根据命令行提示，依次指定起点、中间点和终点，即可绘制出样条曲线，如图4-25所示。

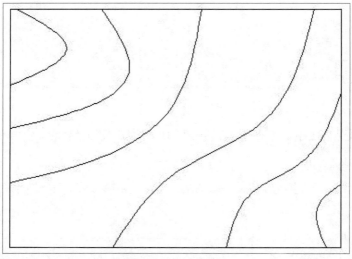

图4-25　绘制样条曲线

样条曲线绘制完毕后，可对其进行修改。用户可以通过以下方法执行"编辑样条曲线"命令。

● 在菜单栏执行"修改>对象>样条曲线"命令。
● 在"默认"选项卡的"修改"选项组中单击"编辑样条曲线"按钮 。
● 在命令行中输入SPLINEDIT，然后按回车键。
● 双击样条曲线。

命令行提示如下：

```
命令：_splinedit
选择样条曲线：
输入选项 [闭合(C)/合并(J)/拟合数据(F)/编辑顶点(E)/转换为多段线(P)/反转(R)/放弃(U)/退出(X)]
<退出>：
```

上机实践：绘制别墅平面图

■**实践目的：** 通过本实例的学习，帮助读者掌握直线、多线、矩形、圆等图形的绘制方法。

■**实践内容：** 应用本章所学的知识绘制别墅平面图形。

■**实践步骤：** 利用直线命令绘制建筑轴线，用多线命令绘制建筑墙体，用矩形命令绘制柱子形状，再利用矩形和圆命令绘制门图形，具体操作介绍如下。

步骤01 新建图形文件，在"默认"选项卡的"图层"选项组中单击"图层特性"按钮，打开"图层特性管理器"面板，创建轴线、标注、墙线、门窗等图层，设置图层颜色及线型，如图4-26所示。

步骤02 双击设置轴线图层为当前图层，执行"绘图>直线"命令，绘制12000mm×10600mm的长方形，并按照图4-27的尺寸进行偏移。

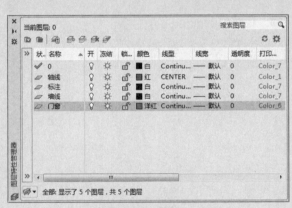

图4-26　创建图层

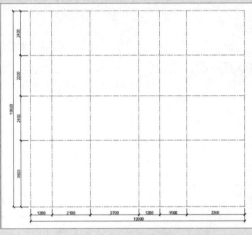

图4-27　绘制并偏移直线

步骤03 设置墙线图层为当前层，执行"绘图>多线"命令，设置对正为"无"，比例为240，捕捉绘制多线，如图4-28所示。

步骤04 双击绘制的多线，打开"多线编辑工具"对话框，如图4-29所示。

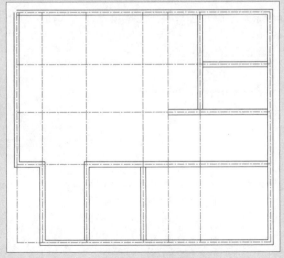

图4-28　绘制多线

图4-29　"多线编辑工具"对话框

步骤05 选择"角点结合"、"T形合并"工具对多段线进行编辑，如图4-30所示。

步骤06 执行"修改>修剪"命令，修剪轴线图形，如图4-31所示。

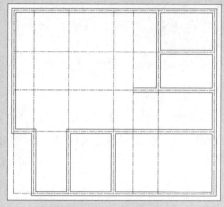

图4-30　编辑多段线

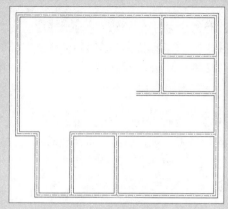

图4-31　修剪图形

步骤07 执行"修改>偏移"命令，将最右侧的轴线向左偏移2100mm，如图4-32所示。

步骤08 执行"绘图>多线"命令，设置比例为120，捕捉绘制内墙多线，如图4-33所示。

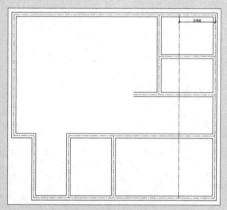

图4-32　偏移轴线

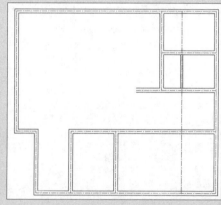

图4-33　绘制内墙多线

步骤09 执行"修改>修剪"命令，修剪轴线，如图4-34所示。

步骤10 执行"绘图>矩形"命令，绘制240mm×240mm的矩形并进行实体图案填充，作为柱子，并对图形进行复制，如图4-35所示。

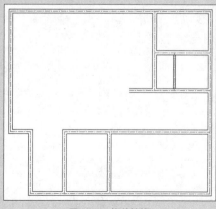

图4-34　修剪轴线

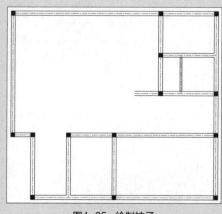

图4-35　绘制柱子

步骤11 执行"修改>偏移"命令，按照图4-36所示对轴线进行偏移操作。

步骤12 延长轴线，执行"修改>修剪"命令，修剪窗洞，删除多余轴线，如图4-37所示。

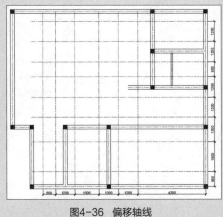

图4-36 偏移轴线

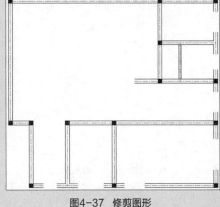

图4-37 修剪图形

步骤13 执行"修改>偏移"命令，继续偏移轴线，如图4-38所示。

步骤14 延长轴线，执行"修改>修剪"命令，修剪图形，删除多余轴线，如图4-39所示。

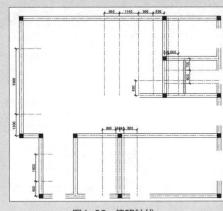

图4-38 偏移轴线

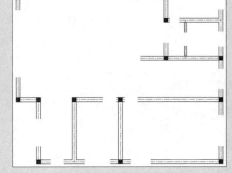

图4-39 修剪图形

步骤15 执行"绘图>直线"命令，绘制图4-40所示的三条直线。

步骤16 执行"绘图>多段线"命令，捕捉绘制多段线，再删除多余图形，如图4-41所示。

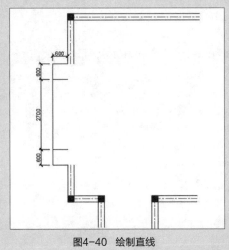

图4-40 绘制直线

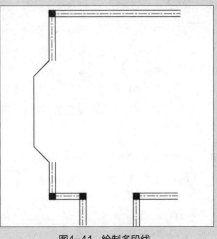

图4-41 绘制多段线

步骤17 执行"修改>偏移"命令，将多段线向内偏移240mm，如图4-42所示。

步骤18 将墙体线和多段线炸开，对图形执行圆角命令，将图形连接，如图4-43所示。

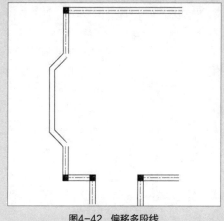

图4-42 偏移多段线

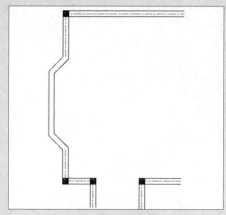

图4-43 连接图形

步骤19 执行"直线"与"偏移"命令，绘制窗户轮廓，如图4-44所示。

步骤20 执行"修改>修剪"命令，修剪出窗洞图形，如图4-45所示。

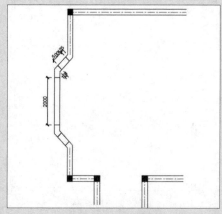

图4-44 绘制并偏移直线

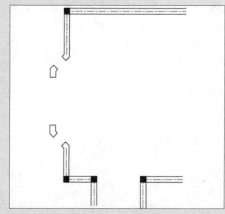

图4-45 修剪图形

步骤21 执行"绘图>直线"命令，绘制直线封闭墙体，再删除多余的图形，如图4-46所示。

步骤22 执行"格式>多线样式"命令，创建"窗户"多线样式，设置图元参数，如图4-47所示。

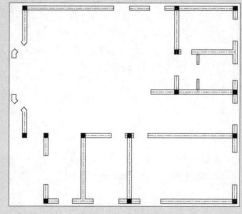

图4-46 绘制直线

图4-47 新建多线样式

步骤23 执行"绘图>多线"命令，设置比例为1，捕捉绘制窗户图形，如图4-48所示。

步骤24 复制柱子图形，如图4-49所示。

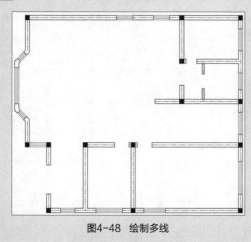

图4-48 绘制多线

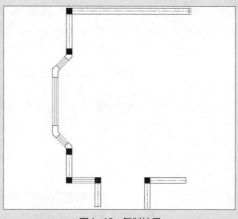

图4-49 复制柱子

步骤25 执行"绘图>多段线"命令，绘制图4-50的两条多段线。

步骤26 执行"修改>偏移"命令，将两条多段线向内偏移150mm，如图4-51所示。

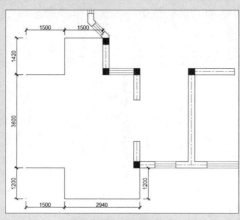

图4-50 绘制多段线

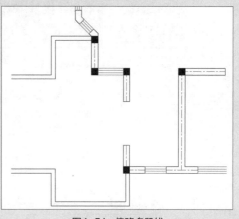

图4-51 偏移多段线

步骤27 执行"绘图>直线"命令，封闭图形，绘制两短一长三条直线，如图4-52所示。

步骤28 执行"修改>偏移"命令，设置偏移距离为300mm，偏移阶梯踏步，如图4-53所示。

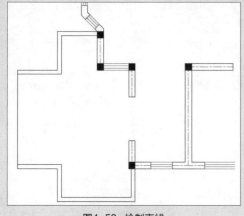

图4-52 绘制直线

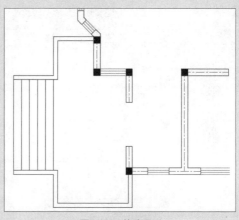

图4-53 偏移图形

步骤29 执行"绘图>多段线"命令，设置箭头引线长度1200mm，再设置箭头起点宽度为100mm，端点宽度为0mm，长度为200mm，绘制楼梯踏步指示符号，如图4-54所示。

步骤30 执行"绘图>多段线"命令，捕捉墙体外轮廓绘制多段线，再执行"修改>偏移"命令，将多段线向外偏移600mm，绘制出散水轮廓，如图4-55所示。

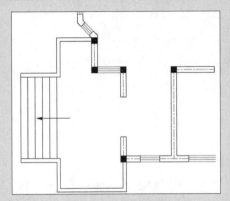

图4-54 绘制指示符号

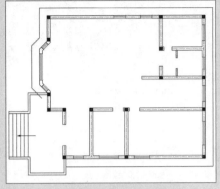

图4-55 绘制并偏移多段线

步骤31 执行"修改>修剪"命令，修剪多出的图形，再删除外墙轮廓线上多段线，如图4-56所示。

步骤32 设置"门窗"图层为当前层，执行"圆"命令和"矩形"命令，捕捉绘制圆形和40mm×600mm的矩形，放置到合适的位置，如图4-57所示。

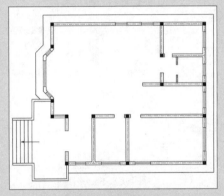

图4-56 修剪图形

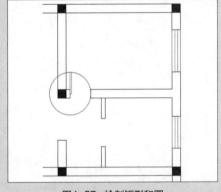

图4-57 绘制矩形和圆

步骤33 执行"修改>修剪"命令，修剪出门图形，如图4-58所示。

步骤34 照此操作方法绘制其他的门图形，完成别墅平面图的绘制，如图4-59所示。

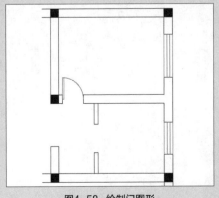

图4-58 绘制门图形

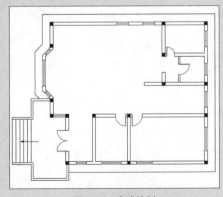

图4-59 完成绘制

课后练习

本章介绍了一些简单图形的绘制方法，通过学习用户可以掌握图形绘制的技巧。下面通过练习题来回顾一下所学的知识。

1. 填空题

（1）用户可以在_____对话框中，设置点的样式。

（2）在AutoCAD中，绘制多边形常用的有_____和_____两种方式。

（3）在AutoCAD中，绘制椭圆有_____和_____两种方式。

2. 选择题

（1）用"直线"命令绘制一个矩形，该矩形中有（　　　）个图元实体。

　　A、1个　　　　　　　　B、2个　　　　　　　　C、3个　　　　　　　　D、4个

（2）系统默认的多段线快捷命令别名是（　　　）。

　　A、p　　　　　　　　　B、D　　　　　　　　　C、pli　　　　　　　　D、pl

（3）在菜单栏执行"样条曲线"命令后，下列（　　　）选项用来输入曲线的偏差值。值越大，曲线越远离指定的点；值越小，曲线离指定的点越近。

　　A、闭合　　　　　　　　B、端点切向　　　　　　C、拟合公差　　　　　　D、起点切向

（4）圆环是填充环或实体填充圆，即带有宽度的闭合多段线，用"圆环"命令创建圆环对象时（　　　）。

　　A、必须指定圆环圆心　　　　　　　　B、圆环内径必须大于0

　　C、外径必须大于内径　　　　　　　　D、执行一次"圆环"命令只能创建一个圆环对象

3. 操作题

（1）绘制办公楼外立面图。利用"矩形"、"直线"命令绘制立面墙体以及门窗图形，然后利用"复制"命令复制图形，如图4-60所示。

（2）绘制四居室户型图。利用"直线"、"多线"命令绘制墙体、窗户图形，再利用"圆"、"矩形"命令绘制门图形，最后添加尺寸标注，如图4-61所示。

图4-60　办公楼外立面图

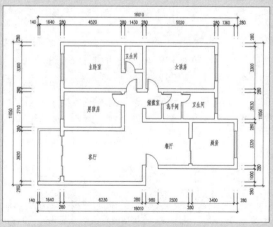

图4-61　四居室户型图

Chapter

05

编辑建筑图形

------◇ 课题概述 ------

在绘制二维图形的同时，需借助图形的修改编辑功能来完成图形的绘制操作。
新版AutoCAD的图形编辑功能非常完善，提供了一系列编辑图形的工具。

------◇ 教学目标 ------

通过对本章内容的学习，读者可以熟悉并掌握绘图编辑命令，包括镜像、旋
转、阵列、偏移以及修剪等，综合应用这些编辑命令，可以绘制出复杂的
图形。

------◇ 章节重点 ------

★★★★　　图形的移动、旋转、缩放、偏移、复制、阵列、镜像

★★★★　　图形的倒角、修剪、延伸、拉伸

★★★　　　编辑多线、多段线

★★　　　　图案填充

★　　　　　图形的选择

------◇ 光盘路径 ------

上机实践：实例文件\第5章\上机实践

课后练习：实例文件\第5章\课后练习

5.1 选择图形对象

在编辑图形之前，首先要对图形进行选择操作。在AutoCAD中，用虚线亮显表示所选择的对象，如果选择了多个对象，那么这些对象便构成了选择集，选择集可包含单个对象，也可以包含多个对象。

在命令行中输入SELECT命令，然后在命令行"选择对象："提示下输入"？"，按回车键，根据其中的信息提示，选择相应的选项即可指定对象的选择模式。

5.1.1 对象的选择方式

在AutoCAD 2016中，用户可通过点选、框选、围选或栏选的方式来选择图形对象。

1. 点选图形

点选的方法较为简单，当用户需要选择某图形时，只需将光标放置该图形上，其后单击即可选中。当图形被选中后，将会显示该图形的夹点。若要选择多个图形，则只需单击其他图形即可。

2. 框选图形

在选择大量图形时，使用框选方式较为合适。选择图形时，用户只需在绘图区中指定框选起点，移动光标至合适位置。此时在绘图区中将会显示矩形窗口，在该窗口内的图形将被选中，选择完成后再次单击鼠标左键即可。

框选的方式分为两种，一种是从左至右框选，另一种则是从右至左框选，使用这两种方式都可以非常方便地进行图形的选择。

- 从左至右框选称为窗口选择，使用该框选方式，位于矩形窗口内的图形将被选中，窗口外图形将不被选中。
- 从右至左框选称为窗交选择，其操作方法与窗口选择相似，同样可创建矩形窗口，并选中窗口内所有图形，而与窗口选择方式不同的是，在进行框选时，与矩形窗口相交的图形也被选中。

3. 围选图形

使用围选的方式选择图形，其灵活性较大，可通过不规则图形围选所需选择的图形。围选的方式可分为圈选和圈交两种。

（1）圈选

圈选是一种多边形窗口选择方法，在要选择图形任意位置指定一点，其后在命令行中输入WP并按回车键，接着在绘图区中指定拾取点，通过不同的拾取点构成任意多边形，多边形内的图形将被选中，随后按回车键即可。

（2）圈交

圈交与窗交方式相似，都是通过绘制一个不规则的封闭多边形作为交叉窗口来选择图形对象，完全包围在多边形中的图形与多边形相交的图形将被选中。用户只需在命令行中，输入CP并按回车键，即可进行选取操作。

4. 栏选图形

栏选方式是利用一条开放的多段线进行图形的选择，所有与该线段相交的图形都会被选中。在

对复杂图形进行编辑时，使用栏选方式可方便地选择连续的图形。用户只需在命令行中输入F并按回车键，即可选择图形。

5.1.2 快速选择图形对象

当需要选择具有某些共同特性的对象时，可在"快速选择"对话框中进行相应的设置，根据图形对象的图层、颜色、图案填充等特性和类型来创建选择集。

在AutoCAD 2016中，用户可以通过以下方法执行"快速选择"命令。

● 执行"工具>快速选择"命令。

● 在"默认"选项卡的"实用工具"选项组中单击"快速选择"按钮 。

● 在命令行中输入QSELECT，然后按回车键。

执行以上任意一种操作后，将打开"快速选择"对话框，如图5-1所示。

在"如何应用"选项组中，可选择应用的范围。若选中"包含在新选择集中"单选按钮，则表示将按设定的条件创建新选择集；若选中"排除在新选择集之外"单选按钮，则表示将按设定条件选择对象，选择的对象将被排除在选择集之外，即根据这些对象之外的其他对象创建选择集。

图5-1 "快速选择"对话框

工程师点拨

【5-1】取消选取操作

用户在选择图形过程中，可随时按Esc键，终止目标图形对象的选择操作，并放弃已选中的目标。在AutoCAD中，如果没有进行任何编辑操作，按Ctrl+A组合键，可以选择绘图区中的全部图形。

5.2 移动、复制图形对象

在AutoCAD软件中，若想要快速绘制多个图形，可使用复制、偏移、镜像、阵列等命令进行复制操作。若想调整图形位置、角度及大小，则可使用移动、旋转、缩放命令，灵活运用这些命令可提高绘图效率。

5.2.1 移动图形对象

移动图形对象是指在不改变对象的方向和大小的情况下，将图形从当前位置移动到新的位置。用户可以通过以下方式进行移动操作。

- 执行"修改>移动"命令。
- 在"默认"选项卡的"修改"选项组中单击"移动"按钮✛。
- 在命令行输入MOVE命令并按回车键。

命令行提示如下：

```
命令: _move
选择对象: 找到 1 个
选择对象:
指定基点或 [位移(D)] <位移>:
指定第二个点或 <使用第一个点作为位移>:
```

用户还可以利用中心夹点移动图形，选择图形后，单击图形中心夹点，根据命令行提示输入命令c，按回车键确定操作后，即可指定新图形的中心点。

工程师点拨

【5-2】通过夹点移动对象

应用选择并移动夹点的方式，可以将对象拉伸或移动到新的位置。对于一些特殊的夹点，移动时只能移动对象而不能拉伸，如文字、块、直线中点、圆心、椭圆中心点、圆弧圆心和点对象上的夹点。

5.2.2 旋转图形对象

旋转图形是将图形以指定的角度绕基点进行旋转。在AutoCAD 2016中，用户可以通过以下方法执行"旋转"命令。

- 执行"修改>旋转"命令。
- 在"默认"选项卡的"修改"选项组中单击"旋转"按钮↺。
- 在命令行中输入快捷命令RO，然后按回车键。

命令行提示如下：

```
命令: _rotate
UCS 当前的正角方向: ANGDIR=逆时针 ANGBASE=0
选择对象: 找到 1 个
选择对象:
指定基点:
指定旋转角度, 或 [复制(C)/参照(R)] <0>:
```

5.2.3 缩放图形对象

缩放图形是将选择的对象按照一定的比例来进行放大或缩小。在AutoCAD 2016中，用户可以通过以下方法执行"缩放"命令。

- 执行"修改>缩放"命令。
- 在"默认"选项卡的"修改"选项组中单击"缩放"按钮▤。
- 在命令行中输入快捷命令SC，然后按回车键。

命令行提示如下：

```
命令: SCALE
```

```
选择对象：指定对角点：找到 1 个
选择对象：
指定基点：
指定比例因子或 [复制(C)/参照(R)]：1.5
```

5.2.4 偏移图形对象

偏移是对选择的对象进行偏移，偏移后的对象与原来对象具有相同的形状。在AutoCAD 2016中，用户可以通过以下方法执行"偏移"命令。

- 在菜单栏中执行"修改>偏移"命令。
- 单击"常用>修改>偏移"按钮⊕。
- 在命令行中输入快捷命令O，然后按回车键。

命令行提示如下：

```
命令：_offset
当前设置：删除源 = 否  图层 = 源  OFFSETGAPTYPE=0
指定偏移距离或 [通过(T)/删除(E)/图层(L)] <20.0000>：150
选择要偏移的对象，或 [退出(E)/放弃(U)] <退出>：
指定要偏移的那一侧上的点，或 [退出(E)/多个(M)/放弃(U)] <退出>：
```

工程师点拨

【5-3】偏移复制圆、圆弧、椭圆

对圆弧进行偏移复制后，新圆弧与旧圆弧有同样的包含角，但新圆弧的长度发生了改变。当对圆或椭圆进行偏移复制后，新圆半径和新椭圆轴长会发生变化，圆心不会改变。

5.2.5 复制图形对象

复制对象是将原对象保留，移动原对象的副本图形，复制后的对象将继承原对象的属性。在AutoCAD 2016中，用户可以通过以下方法执行"复制"命令。

- 执行"修改>复制"命令。
- 在"默认"选项卡的"修改"选项组中单击"复制"按钮⊗。
- 在命令行中输入快捷命令CO，然后按回车键。

命令行提示如下：

```
命令：_copy
选择对象：找到 1 个
选择对象：
当前设置：  复制模式 = 多个
指定基点或 [位移(D)/模式(O)] <位移>：
指定第二个点或 [阵列(A)] <使用第一个点作为位移>：
指定第二个点或 [阵列(A)/退出(E)/放弃(U)] <退出>：
```

如果选择"用第一点作位移"选项，系统将基点的各坐标分量作为复制位移量进行复制。

工程师点拨

【5-4】复制对象

在使用"复制"命令复制对象的时候，系统默认的是一次只能复制一个图形对象，如果用户想对同一个图形对象进行重复复制，可以在选择要移动的对象后在命令窗口中输入快捷命令o并选择模式为多个，这样程序就会将选择的对象进行重复选择，用户只需在绘图窗口中指定复制对象的目标点即可。想要退出复制状态，按Esc键即可。

5.2.6 阵列图形对象

阵列图形是一种有规则的复制图形命令，当绘制的图形需要有规则分布时，就可以使用阵列图形命令解决，阵列图形包括矩形阵列、环形阵列和路径阵列3种。

用户可以通过以下方式调用阵列命令：

- 在菜单栏中选择"修改>阵列"子菜单中的命令，如图5-2所示。
- 在"默认"选项卡的"修改"选项组中，单击"阵列"下拉按钮，选择所需的阵列方式，如图5-3所示。
- 在命令行输入AR命令并按回车键。

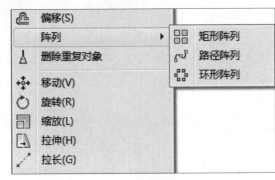

图5-2　菜单栏命令

图5-3　功能区命令按钮

1. 矩形阵列

矩形阵列是指图形呈矩形结构的阵列，执行"矩形阵列"命令后，命令行会出现相应的设置选项，命令行提示内容如下：

```
命令：_arrayrect
选择对象：找到 1 个
选择对象：
类型 = 矩形　关联 = 是
选择夹点以编辑阵列或 [关联(AS)/基点(B)/计数(COU)/间距(S)/列数(COL)/行数(R)/层数(L)/退出(X)]
<退出>：
```

其中，命令行中部分选项含义介绍如下。

- 关联：指定阵列中的对象是关联的还是独立的。
- 基点：指定需要阵列基点和夹点的位置。
- 计数：指定行数和列数，并可以动态观察变化。
- 间距：指定行间距和列间距，并使用在移动光标时可以动态观察结果。
- 列数：编辑列数和列间距。"列数"为阵列中图形的列数，"列间距"为每列之间的距离。

- 行数：指定阵列中的行数、行间距和行之间的增量标高。"行数"为阵列中图形的行数，"行间距"指定各行之间的距离，"总计"为起点和端点行数之间的总距离，"增量标高"用于设置每个后续行的增大或减少。
- 层数：指定阵列图形的层数和层间距，"层数"用于指定阵列中的层数，"层间距"用于Z标值中指定每个对象等效位置之间的差值。"总计"用于在Z坐标值中指定第一个和最后一个层中对象等效位置之间的总差值。
- 退出：退出阵列操作。

2. 环形阵列

环形阵列是指图形呈环形结构阵列。环形阵列需要指定有关参数，在执行"环形阵列"命令后，命令行会显示关于环形阵列的选项，命令行提示内容如下：

```
指定阵列的中心点或 [基点(B)/旋转轴(A)]:
选择夹点以编辑阵列或 [关联(AS)/基点(B)/项目(I)/项目间角度(A)/填充角度(F)/行(ROW)/层(L)/旋转
项目(ROT)/退出(X)] <退出>:
```

其中，命令行中部分选项含义介绍如下。
- 中心点：指定环形阵列的围绕点。
- 旋转轴：指定由两个点定义的自定义旋转轴。
- 项目：指定阵列图形的数值。
- 项目间角度：阵列图形对象和表达式指定项目之间的角度。
- 填充角度：指定阵列中第一个和最后一个图形之间的角度。
- 旋转项目：控制是否旋转图形本身。
- 退出：退出环形阵列命令。

3. 路径阵列

路径阵列是图形根据指定的路径进行阵列，路径可以是曲线、弧线、折线等线段。执行"路径阵列"命令后，命令行会显示关于路径阵列的相关选项，命令行提示内容如下：

```
命令: _arraypath
选择对象: 找到 1 个
选择对象:
类型 = 路径   关联 = 是
选择路径曲线:
选择夹点以编辑阵列或 [关联(AS)/方法(M)/基点(B)/切向(T)/项目(I)/行(R)/层(L)/对齐项目(A)/Z 方
向(Z)/退出(X)
```

其中，命令行中部分选项含义介绍如下。
- 路径曲线：指定用于阵列的路径对象。
- 方法：指定阵列的方法，包括定数等分和定距等分两种。
- 切向：指定阵列的图形如何相对于路径的起始方向对齐。
- 项目：指定图形数和图形对象之间的距离。"沿路径项目数"命令用于指定阵列图形数，"沿路径项目之间的距离"命令用于指定阵列图形之间的距离。
- 对齐项目：控制阵列图形是否与路径对齐。
- Z方向：控制图形是否保持原始Z方向或沿三维路径自然倾斜。

工程师点拨

【5-5】环形阵列参数设置

单击环形阵列后的图形对象，即可打开"阵列创建"选项卡，进行阵列参数设置，如图5-4所示。

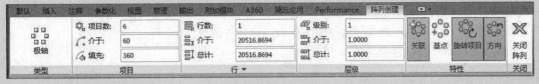

图5-4 "阵列创建"选项卡

5.2.7 镜像图形对象

镜像功能可以按指定的镜像线翻转对象，创建出对称的镜像图形，该功能经常用于绘制对称的图形。在AutoCAD 2016中，用户可以通过以下方法执行"镜像"命令。

- 执行"修改>镜像"命令。
- 在"默认"选项卡的"修改"选项组中单击"镜像"按钮◢。
- 在命令行中输入快捷命令MI，然后按回车键。

5.3 修改图形对象

在图形绘制完毕后，用户可以根据需要对图形进行相应的修改操作。AutoCAD软件提供了多种图形修改命令，其中包括倒角、分解、打断、修剪、延伸以及拉伸等。

5.3.1 倒角图形

倒角和圆角可以修饰图形，对于两条相邻的边界多出的线段，都可以使用"倒角"和"圆角"命令进行修剪。倒角是对图形相邻的两条边进行修饰，圆角则是根据指定圆弧半径来进行倒角，图5-5和5-6分别为执行倒角和圆角操作后的效果。

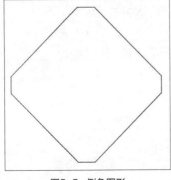

图5-5 倒角图形

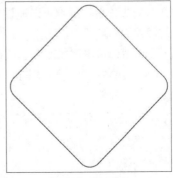

图5-6 圆角图形

1. 倒角

执行"倒角"命令可以将绘制的图形进行倒角，既可以修剪多余的线段，还可以设置图形中两条边的倒角距离和角度。

用户可以通过以下方式调用"倒角"命令：

- 执行"修改>倒角"命令。
- 在"默认"选项卡"修改"选项组中单击"倒角"按钮◢·。
- 在命令行输入CHA命令并按回车键。

命令行提示如下：

```
命令：_chamfer
（"修剪"模式）当前倒角距离 1 = 10.0000，距离 2 = 10.0000
选择第一条直线或［放弃(U)/多段线(P)/距离(D)/角度(A)/修剪(T)/方式(E)/多个(M)]:
```

2. 圆角

圆角是指通过指定的圆弧半径大小，将多边形的边界棱角部分光滑连接起来。圆角是倒角的一种表现形式。用户可以通过以下方式调用"圆角"命令：

- 执行"修改>圆角"命令。
- 在"默认"选项卡"修改"选项组中单击"圆角"按钮◢·。
- 在命令行输入F命令并按回车键。

命令行提示如下：

```
命令：_fillet
当前设置：模式 = 修剪，半径 = 0.0000
选择第一个对象或［放弃(U)/多段线(P)/半径(R)/修剪(T)/多个(M)]:
```

工程师点拨

【5-6】正确设置倒角参数

倒角时，如果倒角距离设置太大或距离角度无效，系统将会给出提示。因两条直线平行或发散造成不能倒角，系统也会提示。对相交两边进行倒角且倒角后修建倒角边时，AutoCAD总会保留选择倒角对象时所选取的那一部分。将两个倒角距离均设为0，则利用"倒角"命令可延伸两条直线使它们相交。

5.3.2 分解图形

对于矩形、多段线、图块等由多个对象组成的组合对象，如果需要对其中的单个图形进行编辑时，就需要将该组合对象先分解。用户可以通过以下方式调用"分解"命令：

- 执行"修改>分解"命令。
- 在"默认"选项卡中，单击"修改"选项组的"分解"按钮⬚。
- 在命令行输入EXPLODE命令并按回车键。

命令行提示如下：

```
命令：_explode
选择对象：找到一个
选择对象：
```

5.3.3 打断图形

打断图形指的是删除图形上的某一部分或将图形分成两部分。在AutoCAD 2016中，用户可以通过以下方法执行"打断"命令。

- 在菜单栏中执行"修改>打断"命令。
- 单击"常用>修改>打断"按钮 ▣ 。
- 在命令行中输入快捷命令BR。

命令行提示如下：

```
命令：_break
选择对象：
指定第二个打断点 或 [第一点(F)]：
```

工程师点拨

【5-7】"打断"命令的使用技巧

如果对圆执行"打断"命令，系统将沿逆时针方向将圆上从第一个打断点到第二个打断点之间的那段圆弧删除。

5.3.4 修剪图形

"修剪"命令可将超出图形边界的线段进行修剪。在AutoCAD 2016中，用户可以通过以下方法执行"修剪"命令。

- 执行"修改>修剪"命令。
- 在"默认"选项卡的"修改"选项组中单击"修剪"按钮 ⊬ 。
- 在命令行中输入快捷命令TR，然后按回车键。

命令行提示如下：

```
命令：_trim
当前设置：投影=UCS，边=无
选择剪切边...
选择对象或〈全部选择〉：找到 1 个
选择对象：
选择要修剪的对象，或按住 Shift 键选择要延伸的对象，或
[栏选(F)/窗交(C)/投影(P)/边(E)/删除(R)/放弃(U)]：
选择要修剪的对象，或按住 Shift 键选择要延伸的对象，或
[栏选(F)/窗交(C)/投影(P)/边(E)/删除(R)/放弃(U)]：
```

5.3.5 延伸图形

"延伸"命令是将指定的图形对象延伸到指定的边界。通过下列方法可执行"延伸"命令。

- 执行"修改>延伸"命令。
- 在"默认"选项卡的"修改"选项组中单击"延伸"按钮 ⊣⁄ 。
- 在命令行中输入快捷命令EX，然后按回车键。

命令行提示如下：

```
命令：_extend
```

```
当前设置：投影 =UCS，边 = 无
选择边界的边 ...
选择对象或〈全部选择〉：找到 1 个
选择对象：
选择要延伸的对象，或按住 Shift 键选择要修剪的对象，或
[栏选 (F)/ 窗交 (C)/ 投影 (P)/ 边 (E)/ 放弃 (U)]：
选择要延伸的对象，或按住 Shift 键选择要修剪的对象，或
[栏选 (F)/ 窗交 (C)/ 投影 (P)/ 边 (E)/ 放弃 (U)]：
```

工程师点拨

【5-8】执行"延伸"命令时命令行的含义

上述提示语句中，第二行表示当前延伸操作的模式，第三行"选择边界的边"提示当前应该选择要延伸到的边界边，第四行要求用户选择对象。

5.3.6 拉伸图形

"拉伸"命令是将指定的图形对象延伸到指定的边界。通过下列方法可执行"拉伸"命令。

- 执行"修改>拉伸"命令。
- 在"默认"选项卡的"修改"选项组中单击"拉伸"按钮 ⬚。
- 在命令行中输入快捷命令S，然后按回车键。

命令行提示如下：

```
命令：_stretch
以交叉窗口或交叉多边形选择要拉伸的对象 ...
选择对象：指定对角点：找到 1 个
选择对象：
指定基点或 [位移 (D)] 〈位移〉：
指定第二个点或〈使用第一个点作为位移〉：
```

在"选择对象"命令提示下，可输入C（交叉窗口方式）或CP（不规则交叉窗口方式），对位于选择窗口之内的对象进行位移，与窗口边界相交的对象按规则拉伸、压缩和移动。

对于直线、圆弧、区域填充等图形对象，如果所有部分均在选择窗口内，则被移动；如果只有一部分在选择窗口内，有以下拉伸规则：

- 直线：位于窗口外的端点不动，位于窗口内的端点移动。
- 圆弧：与直线类似，但在圆弧改变的过程中，圆弧的弦高保持不变，同时调整圆心的位置和圆弧的起始角、终止角的值。
- 区域填充：位于窗口外的端点不动，位于窗口内的端点移动。
- 多段线：与直线和圆弧相似，但多段线两端的宽度、切线方向及曲线拟合信息均不变。
- 其他对象：如果其定义点在选择窗口内，则对象发生移动；否则不动。其中，圆的定义点为圆心，形和块的定一点为插入点，文字和属性的定义点为字符串基线的左端点。

工程师点拨

【5-9】拉伸图形

在进行拉伸操作时，矩形和块图形是不能被拉伸的。如要将其拉伸，需将其进行分解后才可进行拉伸。

5.4 删除图形

在绘制图形时，经常会因为操作的失误需要删除图形对象，删除图形对象是图形编辑中最基本的操作。

用户可以通过以下方式调用"删除"命令：

- 执行"修改>删除"命令。
- 在"默认"选项卡的"修改"选项组中，单击"删除"按钮 ⬛。
- 在命令行输入ERASE命令并按回车键。
- 在键盘上按Delete键。

5.5 编辑多段线

创建完多段线之后，用户可以根据需要对多段线进行相应的编辑操作。

在"默认"选项卡的"修改"选项组中，单击"编辑多段线"按钮 ⬛，命令行提示内容如下。

```
命令：_pedit
选择多段线或 [多条 (M)]：
输入选项 [打开 (O)/ 合并 (J)/ 宽度 (W)/ 编辑顶点 (E)/ 拟合 (F)/ 样条曲线 (S)/ 非曲线化 (D)/ 线型生成 (L)/ 反
转 (R)/ 放弃 (U)]：
```

其中，命令行中部分选项含义介绍如下。

- 合并：只用于二维多段线，该选项可把其他圆弧、直线、多段线连接到已有的多段线上，不过连接端点必须精确重合。
- 宽度：只用于二维多段线，用于指定多段线宽度。当输入新宽度值后，先前生成的宽度不同的多段线都统一使用该宽度值。
- 编辑顶点：用于提供一组子选项，使用户能够编辑顶点和与顶点相邻的线段。
- 拟合：用于创建圆弧拟合多段线（即由圆弧连接每对定点），该曲线将通过多段线的所有顶点并使用指定的切线方向。
- 样条曲线：可生成由多段线顶点控制的样条曲线，所生成的多段线并不一定通过这些顶点，样条类型分辨率由系统变量控制。
- 非曲线化：用于取消拟合或样条曲线，回到初始状态。
- 线型生成：可控制非连续线型多段线顶点处的线型。当"线性生成"为关状态时，在多段线顶点处将采用连续线型，否则在多段线顶点处将采用多段线自身的非连续线型。
- 反转：用于反转多段线。

5.6 编辑多线

多线绘制完毕后，通常都会需要对绘制的多线进行修改编辑，才能达到预期的效果。

在AutoCAD中，用户可以利用"多线编辑工具"对话框对多线进行设置，如图5-7所示。用户可以通过以下方式打开该对话框：

- 执行"修改>对象>多线"命令。
- 在命令行输入MLEDIT命令并按回车键。

工程师点拨

【5-10】添加、删除顶点

添加顶点就是在选择多线的指定位置添加一个顶点。删除顶点就是删除多线的一个指定顶点。

图5-7 "多线编辑工具"对话框

5.7 编辑修订云线

修订云线用于检查阶段提醒用户注意图形的某个部分，在AutoCAD 2016中，用户可以通过执行"编辑多段线"命令来编辑修订云线。

修订云线是由连续圆弧组成的多段线，所以云线也属于多段线，用户可以通过以下方式调用"编辑多段线"命令。

- 执行"修改>对象>多段线"命令。
- 在"默认"选项卡"修改"选项组中单击"编辑多段线"按钮。
- 在命令行输入PEDIT命令，并按回车键。

5.8 编辑样条曲线

样条曲线是经过或接近影响曲线形状的一系列点的平滑曲线，用户可以根据需要对其进行编辑操作。

创建样条曲线后，不仅可以增加、删除样条曲线上的移动点，还可以打开或者闭合路径。用户可以通过以下方式调用编辑样条曲线的命令。

- 执行"修改>对象>样条曲线"命令。
- 在"默认"选项卡"修改"选项组中单击"编辑样条曲线"按钮⬚。
- 在命令行输入Splinedit命令并按回车键。

执行编辑样条曲线命令并选择样条曲线后,会出现图5-8的快捷菜单,下面具体介绍各选项的含义:

图5-8 快捷菜单

- 闭合:将未闭合的图形进行闭合操作。如果选中的样条曲线为闭合,则"闭合"选项变为"打开"。
- 合并:将在线段上的两条或几条样条线合并成一条样条线。
- 拟合数据:对样条曲线的拟合点、起点以及端点进行拟合编辑。
- 编辑顶点:用于编辑顶点操作,其中,"提升阶数"是控制样条曲线的阶数,阶数越高,控制点越高,根据提示,可输入需要的阶数。"权值"是改变控制点的权重。
- 转换为多段线:将样条曲线转换为多段线。
- 反转:改变样条曲线的方向。
- 放弃:取消上一次的编辑操作。
- 退出:退出编辑样条曲线。

5.9 图形图案的填充

为了使绘制的图形更加丰富多彩,用户需要对封闭的图形进行图案填充。比如绘制建筑顶棚布置图和地板材质图后,都需要对图形进行图案填充。

5.9.1 图案填充

图案填充是一种使用图形图案对指定的图形区域进行填充的操作,用户可以通过以下方式调用"图案填充"命令:

- 执行"绘图>图案填充"命令。
- 在"默认"选项卡的"修改"选项组中单击"编辑图案填充"按钮⬚。
- 在命令行输入H命令。

要进行图案填充前,首先需要进行相应的设置,用户既可以通过"图案填充"选项卡进行设置,如图5-9所示,又可以在"图案填充和渐变色"对话框中进行设置。

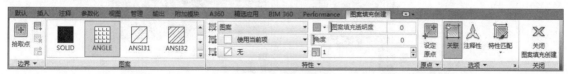

图5-9 图案填充选项卡

用户可以使用以下方式打开"图案填充和渐变色"对话框,如图5-10所示。

- 执行"绘图>图案填充"命令，打开"图案填充"选项卡，在"选项"面板中单击"图案填充设置"按钮 ☑。
- 在命令行输入H命令，按回车键，再输入T。

要进行图案填充，用户既可以通过"图案填充"选项卡进行设置，如图5-10所示。又可以在"图案填充和渐变色"对话框中进行设置，该对话框各参数介绍如下。

1. "类型"选项

"类型"下拉列表中包括3个选项，若选择"预定义"选项，则可以使用系统填充的图案；若选择"用户定义"选项，则需要定义由一组平行线或者相互垂直的两组平行线组成的图案；若选择"自定义"选项，则可以使用事先自定义好的图案。

图5-10 "图案填充和渐变色"对话框

2. "图案"选项

单击"图案"下拉列表，即可选择图案名称，如图5-11所示。用户也可以单击"图案"右侧的按钮 ☑，在"填充图案选项板"对话框预览填充图案，如图5-12所示。

图5-11 选择图案名称

图5-12 预览图案

3. "颜色"选项

用户可以在"类型和图案"选项组的"颜色"下拉列表中指定颜色，如图5-13所示。若列表中没有需要的颜色，可以选择"选择颜色"选项，打开"选择颜色"对话框，选择所需的颜色，如图5-14所示。

图5-13 设置颜色

图5-14 "选择颜色"对话框

4. "样例"选项

在"样例"下拉列表中同样可以设置填充图案。单击"样例"的选项框，如图5-15所示。弹出"填充图案选项板"对话框，从中选择需要的图案，单击"确定"按钮即可完成操作，如图5-16所示。

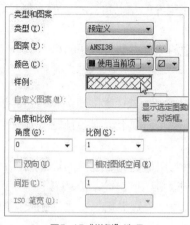

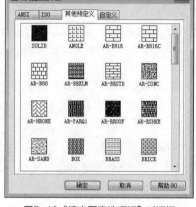

图5-15 "样例"选项   图5-16 "填充图案选项板"对话框

5. "角度和比例"选项组

"角度和比例"选项组用于设置图案的角度和比例，用户可以通过两个方面进行设置。

（1）设置角度和比例

当图案类型为"预定义"选项时，"角度"和"比例"参数是激活状态，"角度"是指填充图案的角度，"比例"是指填充图案的比例。在数值框中输入相应的数值，就可以设置线型的角度和比例。

（2）设置角度和间距

当图案类型为"用户定义"选项时，"角度"和"间距"数值框属于激活状态，用户可以设置角度和间距值，如图5-17所示。

6. "图案填充原点"选项组

许多图案填充需要对齐填充边界上的某一点，在"图案填充原点"选项组中可以设置图案填充原点的位置。设置原点位置包括"使用当前原点"和"指定的原点"两种选项，如图5-18所示。

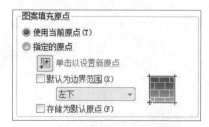

图5-17 角度和间距设置   图5-18 "图案填充原点"选项组

（1）使用当前原点

选择该单选按钮，可以使用当前UCS的原点（0，0）作为图案填充的原点。

（2）指定的原点

选择该单选按钮，可以自定义原点位置，通过指定一点位置作为图案填充的原点。

● 单击"单击以设置新原点"按钮圖，可以在绘图区指定一点作为图案填充的原点。

● 勾选"默认为边界范围"复选框，可以以填充边界的左上角、右上角、左下角、右下角和圆心作为原点。

● 勾选"存储为默认原点"复选框，可以将指定的原点存储为默认的填充图案原点。

7. "边界"选项组

该选项组主要用于选择填充图案的边界，也可以进行删除边界、重新创建边界等操作。

● "添加：拾取点"按钮：将拾取点任意放置在填充区域上，就会预览填充效果，单击即可完成图案填充。

● "添加：选择对象"按钮：根据选择的边界填充图形，随着选择的边界增加，填充的图案面积也会增加；若选择的边界不是封闭状态，则会显示错误提示信息。

● "删除边界"按钮：在利用拾取点或者选择对象定义边界后，单击"删除边界"按钮，可以取消系统自动选取或用户选取的边界，形成新的填充区域。

8. "选项"选项组

该选项组用于设置图案填充的一些附属功能，其中包括注释性、关联、创建独立的图案填充、绘图次序和继承特性等功能，如图5-19所示。

下面将对该选项组中常用选项的含义进行介绍：

● "注释性"复选框：将图案填充为注释性，勾选此复选框系统会自动完成缩放注释过程，从而使注释能够以正确的大小在图纸上打印或显示。

● "关联"复选框：在未勾选"注释性"复选框时，"关联"复选框处于激活状态，关联图案填充随边界的更改自动更新，而非关联的图案填充则不会随边界的更改而自动更新。

● "创建独立的图案填充"复选框：勾选该复选框后，将创建独立的图案填充，它不随边界的修改而修改图案填充。

● "绘图次序"选项：该选项用于指定图案填充的绘图次序。

● "继承特性"按钮：将现有图案填充的特性应用到其他图案填充上。

9. "孤岛"选项组

孤岛是指定义好填充区域内的封闭区域。在"图案填充和渐变色"对话框右下角单击"更多选项"按钮⊙，即可展开该对话框，对"孤岛"选项组中的参数进行设置，如图5-20所示。

图5-19 "选项"选项组

图5-20 展开"图案填充和渐变色"对话框

下面将对展开对话框中的各选项含义进行介绍：

- "孤岛显示样式"选项区域："普通"是指从外部向内部填充，如果遇到内部孤岛，就断开填充，直到遇到另一个孤岛后再进行填充。"外部"是指遇到孤岛后断开填充图案，不再继续向里填充。"忽略"是指系统忽略孤岛对象，所有内部结构都将被填充图案覆盖。
- "边界保留"选项区域：勾选"保留边界"复选框，将保留填充的边界。
- "边界集"选项：用来定义填充边界的对象集。默认情况下，系统根据当前视口确定填充边界。
- "允许的间隙"选项：在公差中设置允许的间隙大小，默认值为0，这时对象是完整封闭的区域。
- "继承选项"选项组：用于设置在使用继承特性填充图案时，是否继承图案填充原点。

5.9.2 渐变色填充

渐变色填充是使用渐变颜色对指定的图形区域进行填充的操作，可创建单色或者双色渐变色。在进行渐变色填充前，首先需要进行所需的设置，用户既可以通过"图案填充创建"选项卡进行设置，如图5-21所示，又可以在"图案填充和渐变色"对话框中进行设置。

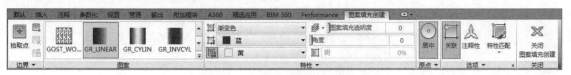

图5-21 "图案填充创建"选项卡

在命令行输入H命令，按回车键，再输入T，打开"图案填充和渐变色"对话框，切换到"渐变色"选项卡，图5-22、5-23分别为单色渐变色的设置面板和双色渐变色的设置面板。下面将对"渐变色"选项卡中各选项的含义进行介绍。

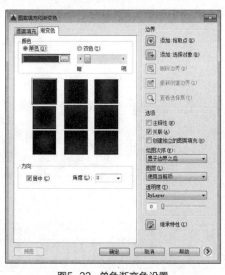

图5-22 单色渐变色设置

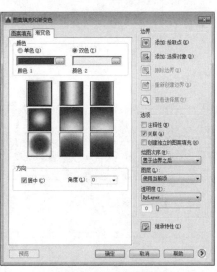

图5-23 双色渐变色设置

- 单色/双色：两个单选按钮用于确定是以一种颜色填充还是以两种颜色填充。
- 明暗滑块：拖动滑块可调整单色渐变色搭配颜色的显示。
- 渐变色选项：九个选项按钮用于确定渐变色的显示方式。
- "居中"复选框：指定对称的渐变配置。
- "角度"数值框：设置渐变色填充时的旋转角度。

上机实践：绘制茶楼立面图

■**实践目的：** 通过练习本实训，帮助读者掌握直线、矩形、圆等命令的使用方法。

■**实践内容：** 应用本章所学的知识绘制茶楼立面图。

■**实践步骤：** 首先绘制轴线，然后利用多线命令绘制轮廓线，具体操作过程如下。

步骤01 执行"绘图>直线"命令，绘制11600mm×6500mm的长方形，再执行"修改>偏移"命令，偏移出如图5-24所示的尺寸。

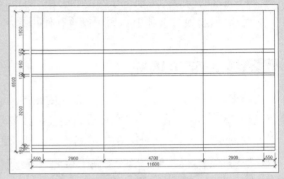

图5-24 绘制并偏移直线

步骤02 执行"修改>修剪"命令，修剪图形，如图5-25所示。

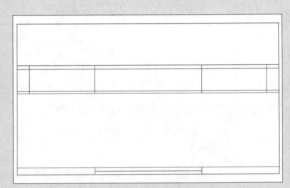

图5-25 修剪图形

步骤03 执行"绘图>矩形"命令，分别绘制12500mm×250mm和12000mm×2200mm的两个矩形，居中置于图形上方，如图5-26所示。

步骤04 执行"绘图>矩形"命令，绘制如图5-27所示尺寸的矩形并进行复制。

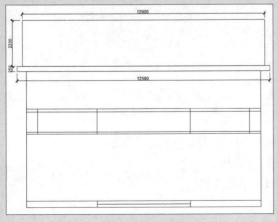

图5-26 绘制矩形

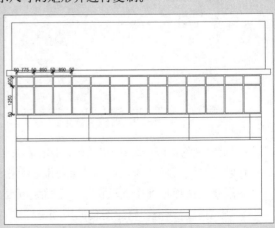

图5-27 绘制并复制矩形

步骤05 执行"绘图>矩形"命令，绘制500mm×270mm的矩形并进行复制，如图5-28所示。

步骤06 执行"绘图>直线"命令，捕捉矩形边的中点绘制一条直线，如图5-29所示。

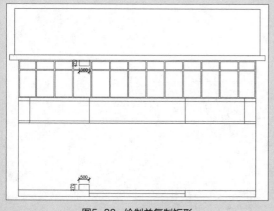

图5-28 绘制并复制矩形

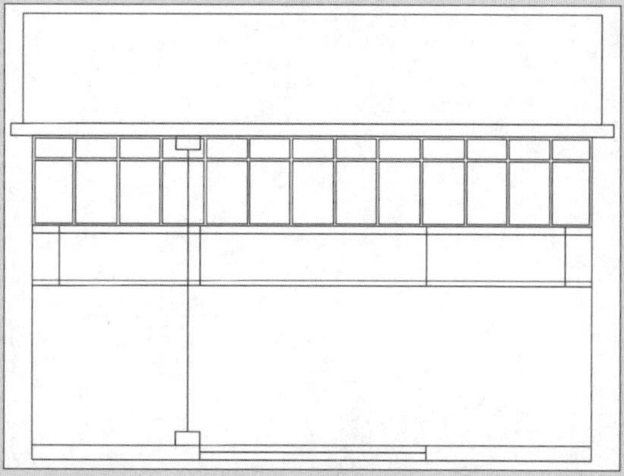

图5-29 绘制直线

步骤07 执行"修改>偏移"命令，设置偏移距离为40mm，向两侧偏移直线，如图5-30所示。

步骤08 执行"修改>镜像"命令，以直线中心为镜像线，将柱子图形镜像到另一侧，如图5-31所示。

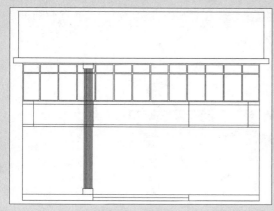

图5-30 偏移图形

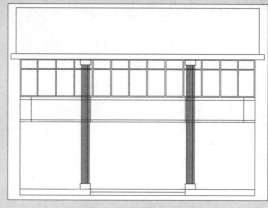

图5-31 镜像复制图形

步骤09 执行"修改>修剪"命令，修剪被覆盖的图形，如图5-32所示。

步骤10 执行"绘图>直线"命令和"修改>偏移"命令，绘制600mm×1000mm的长方形并进行偏移操作，如图5-33所示。

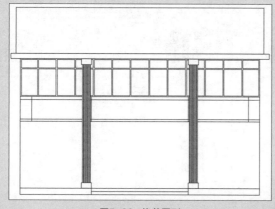

图5-32 修剪图形

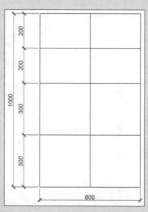

图5-33 绘制并偏移直线

步骤11 执行"绘图>直线"命令，捕捉绘制两条斜线，如图5-34所示。

步骤12 执行"修改>修剪"命令，修剪图形并删除多余图形，如图5-35所示。

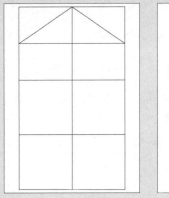

图5-34 绘制斜线　　　　　　　　图5-35 修剪并删除图形

步骤13 执行"修改>偏移"命令，将外轮廓向外偏移100mm，再执行"修改>圆角"命令，设置圆角尺寸为0mm，将轮廓线连接，如图5-36所示。

步骤14 移动图形到合适的位置，如图5-37所示。

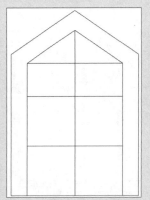
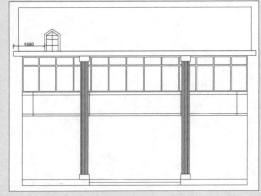

图5-36 偏移图形并执行圆角操作　　　　　　　　图5-37 移动图形

步骤15 执行"修改>镜像"命令，将图形镜像复制到另一侧，如图5-38所示。

步骤16 执行"绘图>图案填充"命令，选择图案ANSI31，设置角度为45，比例为40，填充屋顶区域，再调整柱子线条颜色，即可完成茶楼立面图的绘制，效果如图5-39所示。

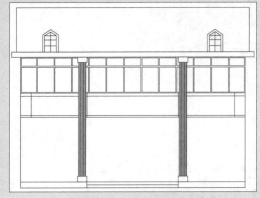
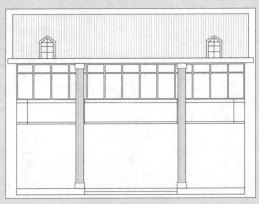

图5-38 镜像复制图形　　　　　　　　图5-39 图案填充

课后练习

图形编辑是AutoCAD绘制图形中必不可少的一部分，下面通过一些练习题来温习本章所学的知识点，如阵列、旋转、偏移、镜像等。

1. 填空题

（1）使用_____命令可以增加或减少视图区域，而使对象的真实尺寸保持不变。

（2）偏移图形指对指定圆弧和圆等做_____复制。对于_____而言，由于圆心为无穷远，因此可以平行复制。

（3）使用_____命令可以按指定的镜像线翻转对象，创建出对称的镜像图像。

2. 选择题

（1）使用"旋转"命令旋转对象时，（   ）。

    A、必须指定旋转角度   B、必须指定旋转基点

    C、必须使用参考方式   D、可以在三维空间旋转对象

（2）使用"延伸"命令进行对象延伸时，（   ）。

    A、必须在二维空间中延伸   B、可以在三维空间中延伸

    C、可以延伸封闭线框   D、可以延伸文字对象

（3）在执行"圆角"命令时，应先设置（   ）。

    A、圆角半径   B、距离

    C、角度值   D、内部块

（4）使用"拉伸"命令拉伸对象时，不能（   ）。

    A、把圆拉伸为椭圆   B、把正方形拉伸成长方形

    C、移动对象特殊点   D、整体移动对象

3. 操作题

（1）利用"直线"、"偏移"命令绘制墙体及阶梯轮廓，然后利用"多段线"、"修剪"命令修剪图形并绘制箭头符号，如图5-40所示。

（2）绘制图5-41的别墅平面图形。首先利用"直线"、"多线"、"偏移"命令绘制墙体以及门窗洞，然后使用"直线"和"圆"命令绘制门图形。

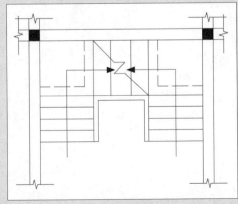

图5-40 绘制楼梯节点图

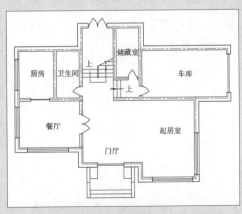

图5-41 绘制门

Chapter
06

图块在建筑
制图中的应用

❖ 课题概述

建筑图形中有大量的门窗构件以及各种标高、索引符号等内容，而每一个构件或符号的形状又是基本相同的，为了避免这种大量的复制工作，AutoCAD提供了非常理想的解决方案。用户可以将相同或相似的内容以块的形式直接插入，也可以把已有的图形文件以参照的形式插入到当前图形中（即外部参照），或是通过AutoCAD设计中心浏览、查找、预览、使用和管理这些资源文件。

❖ 教学目标

通过对本章内容的学习，用户可以熟悉并掌握块的创建与编辑、块属性的设置、外部参照以及设计中心的应用。

❖ 章节重点

★★★★　　外部参照
★★★　　　块属性、设计中心
★★　　　　块的创建与编辑
★　　　　　块的概念

❖ 光盘路径

上机实践：实例文件\第6章\上机实践
课后练习：实例文件\第6章\课后练习

6.1　图块的概念和特点

块是一个或多个对象组成的对象集合，常用于绘制复杂、重复的图形。用户可以把处于不同图层上具有不同颜色、线型和线宽的对象定义为块，使块中的对象仍保持原来的图层和特性信息。

在AutoCAD中，使用图块具有如下特点：

- 提高绘图速度：在绘制图形时，常常要绘制一些重复出现的图形，将这些图形创建成图块，当再次需要绘制时就可以用插入块的方法实现，即把绘图变成了拼图，从而把大量重复的工作简化，提高绘图速度。
- 节省存储空间：在保存图中每一个对象的相关信息时，如对象的类型、位置、图层、线型及颜色等，这些信息要占用存储空间，如果一幅图中包含有大量相同的图形，就会占据较大的磁盘空间。但如果把相同的图形事先定义成一个块，绘制它们时就可以直接把块插入到图中的所需位置，从而节省磁盘空间。
- 便于修改图形：建筑工程图纸往往需要多次修改。比如，在建筑设计中要修改标高符号的尺寸，如果每一个标高符号都一一修改，既费时又不方便。但如果原来的标高符号是通过插入块的方法绘制，那么只要简单地对块进行再定义，就可对图中的所有标高进行修改。
- 可以添加属性：很多块还要求有文字信息来进一步解释其用途。此外，还可以从图中提取这些信息并将它们传送数据库中。

6.2　创建与编辑图块

要创建块，首先要绘制组成块的图形对象，然后用块命令对其实施定义，这样在以后的工作中就可以重复使用创建的块了。因为块在图中是一个独立的对象，所以编辑块之前要将其进行分解。

6.2.1　创建块

内部图块是跟随定义它的图形文件一起保存在图形文件内部，因此只能在当前图形文件中调用，而不能在其他图形中调用。创建块可以通过以下几种方法来实现。

- 执行"绘图>块>创建"命令。
- 在"默认"选项卡的"块"选项组中单击"创建"按钮。
- 在命令行中输入快捷命令B，然后按回车键。

执行以上任意一种操作后，即可打开"块定义"对话框，如图6-1所示。在该对话框中进行相关的设置，即可将图形对象创建成块。

图6-1　"块定义"对话框

该对话框中一些主要选项的含义介绍如下。

- "基点"选项组：该选项组中的选项用于指定图块的插入基点。系统默认图块的插入基点值为（0,0,0），用户可直接在X、Y和Z数值框中输入坐标相对应的数值，也可以单击"拾取点"按钮，切换到绘图区中指定基点。
- "对象"选项组：该选项组中的选项用于指定新块中要包含的对象，以及创建块之后是否保留还是删除选定的对象，或者是将它们转换成块实例。
- "方式"选项组：该选项组中的选项用于设置插入后的图块是否允许被分解、是否统一比例缩放等。
- "在块编辑器中打开"复选框：勾选该复选框，当创建图块后，在块编辑器窗口中进行"参数"、"参数集"等选项的设置。

示例 利用所学知识创建窗户图块

步骤01 打开素材文件，选择图形，如图6-2所示。

步骤02 执行"绘图>块>创建"命令，打开"块定义"对话框，如图6-3所示。

图6-2 选择图形

图6-3 "块定义"对话框

步骤03 单击"拾取点"按钮，在绘图窗口中指定插入基点，如图6-4所示。

步骤04 单击指定点后返回"块定义"对话框，输入块名称，如图6-5所示。

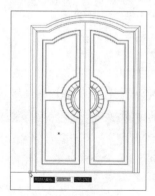

图6-4 指定插入基点

图6-5 输入块名称

工程师点拨

【6-1】"块定义"对话框

在"插入"选项卡的"块定义"选项组中单击"创建块"按钮，也可打开"块定义"对话框。

步骤05 单击"确定"按钮，即可完成图块的创建，选择创建好的图块，效果如图6-6所示。

图6-6　完成创建

6.2.2 存储块

存储图块是将块、对象或者某些图形文件保存到独立的图形文件中，又称为外部块。在AutoCAD 2016中，使用"写块"命令，可以将文件中的块作为单独的对象保存为一个新文件，被保存的新文件可以被其他对象使用。用户可以通过以下方法执行"写块"命令。

- 在"默认"选项卡的"块"选项组中单击"写块"按钮 。
- 在命令行中输入快捷命令W，然后按回车键。

执行以上任意一种操作后，即可打开"写块"对话框，如图6-7所示。在该对话框中可以设置组成块的对象来源，其主要选项的含义介绍如下。

- "块"单选按钮：将创建好的块写入磁盘。
- "整个图形"单选按钮：将全部图形写入图块。
- "对象"单选按钮：指定需要写入磁盘的块对象，用户可根据需要使用"基点"选项组设置块的插入基点位置；在"对象"选项组设置组成块的对象。

此外，在该对话框的"目标"选项组中，用户可以指定文件的新名称和新位置以及插入块时所用的测量单位。

图6-7　"写块"对话框

工程师点拨

【6-2】外部图块与内部图块的区别

"定义块"和"写块"都可以将对象转换为块对象，但是它们之间还是有区别的。"定义块"创建的块对象只能在当前文件中使用，不能用于其他文件中。"写块"创建的块对象可以用于其他文件，然后将创建的块插入到文件中。对于经常使用的图像对象，特别是标准间一类的图形，可以将其写块保存，下次使用时直接调用该文件，大大提高工作效率。

6.2.3 插入块

创建图块的最终目的是使用图块，也就是调用图块，从而让绘制图形变得更为便利快捷。插入块就是把用户创建好的图块插入到当前的图形中。

在AutoCAD 2016中，用户可以通过以下方法执行"插入块"命令。

● 执行"绘图>块>插入"命令。

● 在"默认"选项卡的"块"选项组中单击"插入"按钮。

● 在命令行中输入快捷命令I，然后按回车键。

执行以上任意一种操作后，即可打开"插入"对话框，如图6-8所示。利用该对话框可以把用户创建的内部图块插入到当前的图形中，或者把创建的图块从外部插入到当前的图形中。

该对话框中各主要选项的含义如下。

● "名称"文本框：用于选择块或图形的名称。单击其后的"浏览"按钮，可打开"选择图形文件"对话框，从中选择图块或外部文件，如图6-9所示。

图6-8 "插入"对话框

图6-9 "选择图形文件"对话框

● "插入点"选项组：用于设置块的插入点位置。

● "比例"选项组：用于设置块的插入比例。"统一比例"复选框用于确定插入块在X、Y、Z 3个方向的插入块比例是否相同。

● "旋转"选项组：用于设置块插入时的旋转角度。

● "分解"复选框：用于将插入的块分解成组成块的各基本对象。

工程师点拨

【6-3】图块的插入

在插入图块时，用户可使用"定数等分"或"测量"命令进行图块的插入，这两种命令只能用于内部图块的插入，而无法对外部图块进行操作。

6.3 块属性

图块的属性是图块的一个组成部分，是块的非图形附加信息，包含于块中的文字对象，块属性就如同给一件商品贴上标签。图块的属性可以增加图块的功能，文字信息又可以说明图块的类型、数目等。当用户插入一个块时，其属性也会一起附着到图形中，当用户对块进行操作时，其属性也将改变。

6.3.1 块属性特点

图形绘制完成后（甚至在绘制完成前），用户可以调用ATTEXT命令，将块属性数据从图形中提取出来，并将这些数据写入到一个文件中，这样就可以从图形数据库文件中获取数据信息。属性块具有如下特点。

- 块属性由属性标记名和属性值两部分组成。如可以把Name定义为属性标记名，而具体的姓名Mat就是属性值，即属性。
- 定义块前，应先定义该块的每个属性，即规定每个属性的标记名、属性提示、属性默认值、属性的显示格式（可见或不可见）及属性在图中的位置等。一旦定义了属性，该属性以及其标记名将在图中显示出来，并保存有关的信息。
- 定义块时，应将图形对象和表示属性定义的属性标记名一起用来定义块对象。
- 插入有属性的块时，系统将提示用户输入需要的属性值，插入块后，属性用它的值表示。因此，同一个块在不同点插入时，可以有不同的属性值。如果属性值在属性定义时规定为常量，系统将不再询问它的属性值。
- 插入块后，用户可以改变属性的显示可见性，对属性作修改，把属性单独提取出来写入文件，以统计、制表使用，还可以与其他高级语言或数据库进行数据通信。

6.3.2 创建并使用带有属性的块

属性块是由图形对象和属性对象组成。对块增加属性，就是使块中的指定内容可以变化。要创建一个块属性，用户可以使用"定义属性"命令，先建立一个属性定义来描述属性特征，包括标记、提示符、属性值、文本格式、位置以及可选模式等。

在AutoCAD 2016中，用户可以通过以下方法执行"定义属性"命令。

- 执行"绘图>块>定义属性"命令。
- 在"默认"选项卡的"块"选项组中单击"定义属性"按钮。
- 在命令行中输入ATTDEF，然后按回车键。

执行以上任意一种操作后，系统将自动打开"属性定义"对话框，如图6-10所示。该对话框中各选项的含义介绍如下。

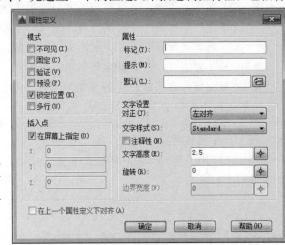

图6-10 "属性定义"对话框

1.“模式”选项组

"模式"选项组用于在图形中插入块时，设定与块关联的属性值选项。

- ●"不可见"复选框：指定插入块时不显示或打印属性值。
- ●"固定"复选框：在插入块时赋予属性固定值。勾选该复选框，插入块时属性值不发生变化。
- ●"验证"复选框：插入块时提示验证属性值是否正确。勾选该复选框，插入块时系统将提示用户验证所输入的属性值是否正确。
- ●"预设"复选框：插入包含预设属性值的块时，将属性设定为默认值。勾选该复选框，插入块时，系统将把"默认"文本框中输入的默认值自动设置为实际属性值，不再要求用户输入新值。
- ●"锁定位置"复选框：锁定块参照中属性的位置。解锁后，属性可以相对于使用夹点编辑的块的其他部分移动，并且可以调整多行文字属性的大小。
- ●"多行"复选框：指定属性值可以包含多行文字。勾选此复选框后，可以指定属性的边界宽度。

2.“属性”选项组

"属性"选项组用于设定块的属性数据。

- ●"标记"文本框：标识图形中每次出现的属性。
- ●"提示"文本框：指定在插入包含该属性定义的块时显示的提示。如果不输入提示，属性标记将用作提示。如果在"模式"区域选择"常数"模式，"属性提示"选项将不可用。
- ●"默认"文本框：指定默认属性值。单击后面的"插入字段"按钮，显示"字段"对话框，可以插入一个字段作为属性的全部或部分值；选定"多行"模式后，显示"多行编辑器"按钮，单击此按钮将弹出具有"文字格式"工具栏和标尺的在位文字编辑器。

3.“插入点”选项组

"插入点"选项组用于指定属性位置。输入坐标值或者勾选"在屏幕上指定"复选框，并使用定点设备根据与属性关联的对象指定属性的位置。

4.“文字设置”选项组

"文字设置"选项组用于设定属性文字的对正、样式、高度和旋转。

- ●"对正"选项：用于设置属性文字相对于参照点的排列方式。
- ●"文字样式"选项：指定属性文字的预定义样式。显示当前加载的文字样式。
- ●"注释性"复选框：指定属性为注释性。如果块是注释性的，则属性将与块的方向相匹配。
- ●"文字高度"数值框：指定属性文字的高度。
- ●"旋转"数值框：指定属性文字的旋转角度。
- ●"边界宽度"数值框：换行至下一行前，指定多行文字属性中一行文字的最大长度。此选项不适用于单行文字属性。

5.“在上一个属性定义下对齐”复选框

该复选框用于将属性标记直接置于之前定义的属性的下面。如果之前没有创建属性定义，则此复选框不可用。

6.3.3 块属性管理器

当图块中包含属性定义时，属性将作为一种特殊的文本对象也一同被插入。此时即可使用"块属性管理器"工具编辑之前定义的块属性，然后使用"增强属性管理器"工具将属性标记赋予新值，使之符合相似图形对象的设置要求。

1. 块属性管理器

当需要对编辑图形文件中的多个图块属性进行定义时，可以使用块属性管理器重新设置属性定义的构成、文字特性和图形特性等属性。在"插入"选项卡的"块定义"选项组中单击"管理属性"按钮，将打开"块属性管理器"对话框，如图6-11所示。在该对话框中各选项含义介绍如下。

- "块"选项：列出具有属性的当前图形中的所有块定义，在下拉列表中选择要修改属性的块。
- 属性列表：显示所选块中每个属性的特性。
- "同步"按钮：更新具有当前定义的属性特性的选定块的全部实例。
- "上移"按钮：在提示序列的早期阶段移动选定的属性标签。选定固定属性时，"上移"按钮不可用。
- "下移"按钮：在提示序列的后期阶段移动选定的属性标签。选定常量属性时，"下移"按钮不可用。
- "编辑"按钮：可打开"编辑属性"对话框，从中修改属性特性，如图6-12所示。

图6-11 "块属性管理器"对话框

图6-12 "编辑属性"对话框

- "删除"按钮：从块定义中删除选定的属性。
- "设置"按钮：单击该按钮打开"块属性设置"对话框，从中可以自定义"块属性管理器"中属性信息的列出方式，如图6-13所示。

2. 增强属性编辑器

增强属性编辑器主要用于编辑块中定义的标记和值属性，与块属性管理器设置方法基本相同。

在"插入"选项卡的"块"选项组中单击"编辑属性"下拉按钮，选择"单个"选项，然后选择属性块，或者直接双击属性块，都将打开"增强属性编辑器"对话框，如图6-14所示。

图6-13 "块属性设置"对话框

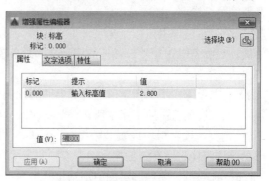

图6-14 "增强属性编辑器"对话框

在该对话框中可指定属性块标记，在"值"文本框为属性块标记赋予值。此外，还可以在"文字选项"和"特性"选项卡中设置图块的文字格式和特性，如更改文字的格式、文字的图层、线宽以及颜色等属性。

工程师点拨

【6-4】"增强属性编辑器"对话框

在"默认"选项卡的"块"选项组中单击"编辑属性"下拉按钮，在展开的下拉列表中选择"单个"选项，即可打开"增强属性编辑器"对话框。

6.4 外部参照的使用

外部参照是在绘制图形过程中，将其他图形以块的形式插入，并且可以作为当前图形的一部分。外部参照和块不同，外部参照提供了一种更为灵活的图形引用方法。使用外部参照可以将多个图形链接到当前图形中，并且作为外部参照的图形会随着原图形的修改而更新。

6.4.1 附着外部参照

要使用外部参照图形，先要附着外部参照文件。在"插入"选项卡的"参照"选项组中单击"附着"按钮，打开"参照文件"对话框，选择合适的文件，单击"打开"按钮，即可打开"附着外部参照"对话框，如图6-15所示。从中可将图形文件以外部参照的形式插入到当前的图形中。

在"附着外部参照"对话框中，各主要选项的含义介绍如下。

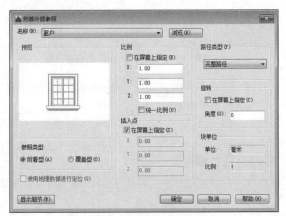

图6-15 "附着外部参照"对话框

- "浏览"按钮：单击该按钮将打开"选择参照文件"对话框，从中可以为当前图形选择新的外部参照。
- "参照类型"选项组：用于指定外部参照为"附着型"还是"覆盖型"。与附着型的外部参照不同，当附着覆盖型外部参照的图形作为外部参照附着到另一图形时，将忽略该覆盖型外部参照。
- "比例"选项组：用于指定所选外部参照的比例因子。
- "插入点"选项组：用于指定所选外部参照的插入点。
- "路径类型"选项组：设置是否保存外部参照的完整路径。如果选择"完整路径"选项，外部参照的路径将保存到数据库中，否则将只保存外部参照的名称而不保存其路径。
- "旋转"选项组：为外部参照引用指定旋转角度。

6.4.2 管理外部参照

　　用户可利用参照管理器对外部参照文件进行管理，如查看附着到DWG文件的文件参照，或者编辑附件的路径。参照管理器是一种外部应用程序，可以检查图形文件可能附着的任何文件。用户可以通过以下方式打开"外部参照"面板。

- 执行"插入>外部参照"命令。
- 在"插入"选项卡"参照"选项组中单击"外部参照"按钮 ⬛。
- 在命令行输入XREF命令并按回车键。

　　执行以上任意一种方法即可打开"外部参照"面板，如图6-16所示。该面板中各选项的含义介绍如下：

- 附着：单击"附着"按钮 🔧，即可添加不同格式的外部参照文件。
- 文件参照：显示当前图形中各种外部参照的文件名称。
- 详细信息：显示外部参照文件的详细信息。
- 列表图：单击该按钮，设置图形以列表的形式显示。
- 树状图：单击该按钮，设置图形以树的形式显示。

图6-16　"外部参照"面板

工程师点拨

【6-5】以外部参照方式插入图块

插入块后，该图块将永久性地插入到当前图形中，并成为图形的一部分。而以外部参照方式插入图块后，被插入图形文件的信息并不直接加入到当前图形中，当前图形只记录参照的关系。另外，对当前图形的操作不会改变外部参照文件的内容。

6.4.3 绑定外部参照

　　将参照图形绑定到当前图形中，可以方便地进行图形发布和传递操作，并且不会出现无法显示参照的错误提示信息。

　　执行"修改>对象>外部参照>绑定"命令，打开"外部参照绑定"对话框，如图6-17所示。在该对话框中可以将块、尺寸样式、图层、线型以及文字样式中的依赖符添加到主图形中。绑定依赖符后，它们会永久加入到主图形中，且原来依赖符中的"|"符号变为"0"。

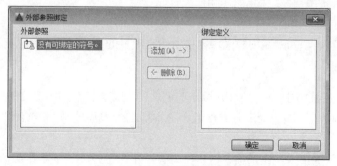

图6-17　"外部参照绑定"对话框

6.5 设计中心的使用

应用AutoCAD设计中心，用户可以访问图形、块、图案填充及其他图形内容，将原图形中的内容拖动到当前图形中使用。还可以在图形之间复制、粘贴对象属性，以避免重复操作。

6.5.1 "设计中心"面板

"设计中心"面板用于浏览、查找、预览以及插入块、图案填充和外部参照等操作。

在AutoCAD 2016中，用户可以通过以下方法打开如图6-18所示的面板。

- 执行"工具>选项板>设计中心"命令。
- 在"视图"选项卡的"选项板"选项组中单击"设计中心"按钮圈。
- 按Ctrl+2组合键。

从图6-18中可以看到，"设计中心"面板主要由工具栏、选项卡、内容窗口、树状视图窗口、预览窗口和说明窗口6个部分组成。

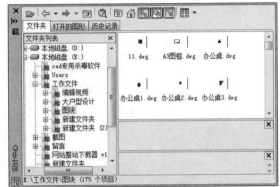

图6-18 "设计中心"面板

1. 工具栏

工具栏控制着树状图和内容区中信息的显示，各选项作用如下。

- "加载"按钮：单击该按钮将打开"加载"对话框（标准文件选择对话框），浏览本地、网络驱动器或Web上的文件，然后选择内容加载到内容区域。
- "上一级"按钮：单击该按钮将会在内容窗口或树状视图中显示上一级内容、内容类型、内容源、文件夹、驱动器等内容。
- "主页"按钮：将设计中心返回到默认文件夹。使用树状图中的快捷菜单可以更改默认文件夹。
- "树状图切换"按钮：显示和隐藏树状视图。若绘图区域需要更多的空间，则可以隐藏树状图。树状图隐藏后，可以使用内容区域浏览容器并加载内容。在树状图中使用"历史记录"列表时，"树状图切换"按钮不可用。
- "预览"按钮：显示和隐藏内容区域窗格中选定项目的预览。
- "说明"按钮：显示和隐藏内容区域窗格中选定项目的文字说明。

2. 选项卡

"设计中心"面板由3个选项卡组成，分别为"文件夹"、"打开的图形"和"历史记录"。

- "文件夹"选项卡：该选项卡可方便地浏览本地磁盘或局域网中所有的文件夹、图形和项目内容。
- "打开的图形"选项卡：该选项卡显示了所有打开的图形，以便查看或复制图形内容。
- "历史记录"选项卡：该选项卡主要用于显示最近编辑过的图形名称及目录。

6.5.2 插入设计中心内容

应用AutoCAD 2016"设计中心"面板，可以很方便地在当前图形中插入图块、引用图像和外部参照，并且可以在图形之间复制图层、图块、线型、文字样式、标注样式和用户定义等内容。

打开"设计中心"面板，在"文件夹列表"中查找文件的保存目录，并在内容区域选择需要插入为块的图形，单击鼠标右键，在打开的快捷菜单中选择"插入为块"命令，如图6-19所示。打开"插入"对话框，进行相应的设置，单击"确定"按钮即可，如图6-20所示。

图6-19 选择"插入为块"命令

图6-20 "插入"对话框

上机实践：为立面图添加标高图块

- **实践目的：** 通过本实训练习，创建带有属性的标高图块，插入到立面图并执行属性修改等操作。
- **实践内容：** 应用本章所学的知识完善立面图形。
- **实践步骤：** 首先创建带有属性的标高图块，将其插入到立面图形中，根据需要修改图块参数，具体操作介绍如下。

步骤01 打开素材文件，执行"绘图>直线"命令，绘制如图6-21所示的图形。

步骤02 单击"插入"选项卡"块定义"选项组中的"定义属性"按钮，打开"属性定义"对话框，在该对话框中设置属性名以及文字高度，如图6-22所示。

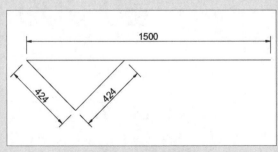

图6-21 绘制图形

图6-22 "属性定义"对话框

· 117 ·

步骤03 单击"确定"按钮后，在绘图区中指定起点，如图6-23所示。

步骤04 单击鼠标左键即可完成属性的创建，如图6-24所示。

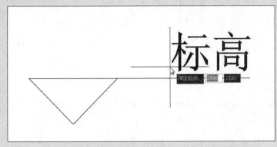

图6-23 指定起点

图6-24 定义属性

步骤05 选择创建的标高符号，在"插入"选项卡"块定义"选项组中单击"创建块"按钮，打开"块定义"对话框，输入块名称，单击"拾取点"按钮，如图6-25所示。

步骤06 在绘图区中指定一点作为基点，如6-26所示。

图6-25 "块定义"对话框

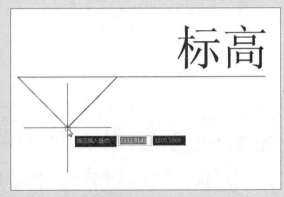

图6-26 指定基点

步骤07 单击后返回"块定义"对话框，单击"确定"按钮即会弹出"编辑属性"对话框，单击"确定"按钮，如图6-27所示。

步骤08 此时创建出标高图块，可以看到标高图块上的文字发生了改变，如图6-28所示。

图6-27 "编辑属性"对话框

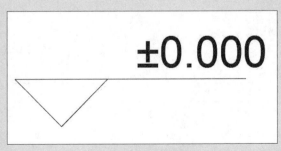

图6-28 创建标高图块

步骤09 选择该图块，在"插入"选项卡"块定义"选项组中单击"块编辑器"按钮，打开"编辑块定义"对话框，单击"确定"按钮，如图6-29所示。

步骤10 进入到块编辑器的编辑状态，如图6-30所示。

图6-29 "编辑块定义"对话框

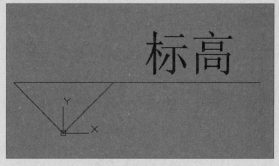

图6-30 进入编辑状态

步骤11 在块编写选项板中的"参数"面板单击"翻转"按钮，为图形指定投影线，如图6-31所示。

步骤12 切换到"动作"面板单击"翻转"按钮，根据提示选择"翻转"参数，再根据提示选择翻转对象，如图6-32所示。

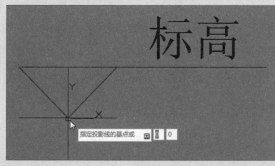

图6-31 指定投影线

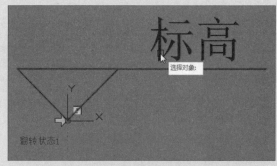

图6-32 选择翻转对象

步骤13 退出块编辑状态，完成动态块的创建，选择图块，可以看到在图块上多出了一个翻转动作符号，如图6-33所示。

步骤14 移动到立面图位置，执行"绘图>射线"命令，捕捉绘制标高地平线，如图6-34所示。

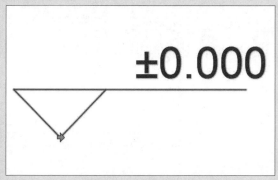

图6-33 创建动态块

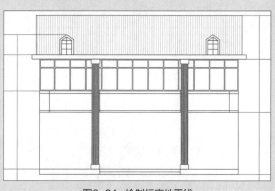

图6-34 绘制标高地平线

步骤15 复制图块到合适的位置，如图6-35所示。

步骤16 双击其中一个图块，打开"增强属性编辑器"对话框，修改属性值为8.950，单击"确定"按钮关闭对话框，可以看到该标高值已经发生改变，如图6-36所示。

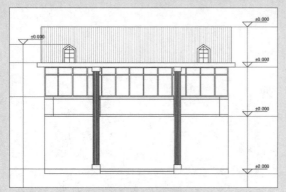

图6-35 移动并复制图块

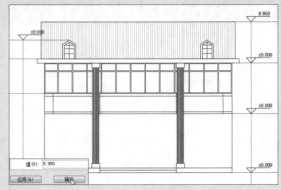

图6-36 改变标高值

步骤17 同样的方法修改其他的标高值，如图6-37所示。

步骤18 选择左侧的标高符号，单击蓝色箭头，可将该符号进行翻转操作，如图6-38所示。

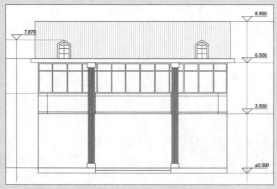

图6-37 修改其他标高值

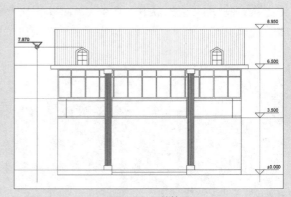

图6-38 翻转符号

步骤19 复制标高符号并修改标高值，删除标高地平线，如图6-39所示。

步骤20 最后执行"绘图>直线"命令，绘制长400mm的直线，对齐到标高符号并进行复制，完成添加标高图块的操作，如图6-40所示。

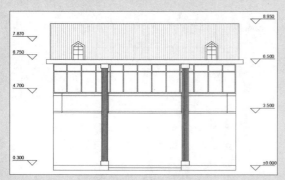

图6-39 复制标高符号

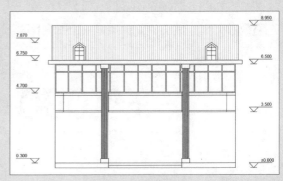

图6-40 最终效果

课后练习

在绘图过程中，常常需要绘制一些重复的、经常使用的图形，使用AutoCAD将图形创建成块功能，可以提高绘图效率。

1. 填空题

（1）块是一个或多个对象组成的_____，常用于绘制复杂、重复的图形。

（2）使用_____命令，可以将文件中的块作为单独对象保存为一个新文件，被保存的新文件可以被其他对象使用。

（3）_____功能主要用于编辑块中定义的标记和值属性。

2. 选择题

（1）AutoCAD中块定义属性的快捷键是（   ）。

　　A、Ctrl+1　　　　　　　　　　　　B、W

　　C、ATT　　　　　　　　　　　　　D、B

（2）下列哪个项目不能用块属性管理器进行修改（   ）。

　　A、属性的可见性　　　　　　　　　B、属性文字的显示

　　C、属性所在图层和属性行的颜色、宽度及类型　　　　　D、属性的个数

（3）创建对象编组和定义块的不同在于（   ）。

　　A、是否定义名称　　　　　　　　　B、是否选择包含对象

　　C、是否有基点　　　　　　　　　　D、是否有说明

（4）在AutoCAD中，打开"设计中心"面板的组合键是（   ）。

　　A、Ctrl+1　　　　　　　　　　　　B、Ctrl+2

　　C、Ctrl+3　　　　　　　　　　　　D、Ctrl+4

3. 操作题

绘制如图6-41所示的行政大楼立面图，先利用"直线"、"矩形"、"偏移"、"复制"等命令绘制大楼立面轮廓图，再绘制窗户图形并进行复制操作。

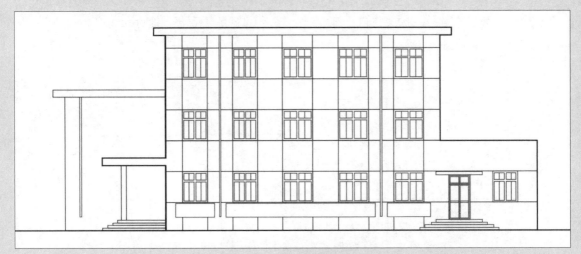

图6-41　行政大楼立面图

Chapter

07

为建筑图形
添加文本与表格

✧ 课题概述

文字和表格是建筑制图中不可缺少的一部分，文字传达了重要的图形信息，如图纸说明、注释、标题等，文字和图形相结合可以表达完整的设计思想。表格在建筑制图中最常见的用法是门窗表和其他一些关于材料、面积的表格，可以更加清晰地表达一些统计数据。

✧ 教学目标

通过对本章内容的学习，用户可以熟悉并掌握文字标注与编辑、文字样式设置、管理多重引线标注以及创建与编辑表格等内容，从而轻松绘制出更加完善的图纸。

✧ 章节重点

★★★★　　创建与编辑文字样式
★★★★　　创建表格
★★★　　　创建多重引线与多行文字
★★　　　　创建单行文字

✧ 光盘路径

上机实践：实例文件\第7章\上机实践
课后练习：实例文件\第7章\课后练习

7.1 创建文字样式

在进行文字标注之前，应先对文字样式进行设置，更方便、快捷地对图形对象进行标注，得到统一、标准、美观的文字注释。定义文字样式包括选择字体文件、设置文字高度和宽度比例等。

在AutoCAD 2016中，可以使用"文字样式"对话框来创建和修改文本样式。用户可以通过以下方法打开"文字样式"对话框。

- 执行"格式>文字样式"命令。
- 在"默认"选项卡的"注释"选项组中单击"文字样式"按钮 ▲。
- 在"注释"选项卡单击"文字"选项组的对话框启动器按钮 ⌐。
- 在命令行中输入快捷命令ST，然后按回车键。

执行以上任意一种操作，都将打开"文字样式"对话框，如图7-1所示。在该对话框中，用户可创建新的文字样式，也可对已定义的文字样式进行编辑。

图7-1 "文字样式"对话框

7.1.1 新建与删除文字样式

在AutoCAD 2016中，对文字样式名的设置包括新建文本样式名，以及对已定义的文字样式更改名称。"文字样式"对话框中"新建"和"删除"按钮的作用如下。

- "新建"按钮：用于创建新文字样式。单击该按钮，打开"新建文字样式"对话框，如图7-2所示。在该对话框的"样式名"文本框中输入新的样式名，然后单击"确定"按钮。
- "删除"按钮：用于删除在样式名下拉列表中选择的文字样式。单击此按钮，在弹出的对话框中单击"确定"按钮即可，如图7-3所示。

图7-2 "新建文字样式"对话框

图7-3 单击"确定"按钮

> **工程师点拨**
>
> **【7-1】为何不能删除Standard文字样式**
>
> Standard是AutoCAD 默认的文字样式，既不能删除，也不能重命名。另外，当前图形文件中正在使用的文字样式也不能删除。

7.1.2 设置文本字体

在AutoCAD 2016中，对文本字体的设置主要是指选择字体文件和定义文字的高度。系统中可使用的字体文件分为两种：一种是普通字体，即TrueType字体文件；另一种是AutoCAD特有的字体文件（.shx）。

在"字体"和"大小"选项组中，各选项功能介绍如下。

- "字体名"选项：在该下拉列表中，列出了Windows注册的TrueType字体文件和AutoCAD特有的字体文件（.shx）选项。
- "字体样式"选项：指定字体格式，比如斜体、粗体或者常规字体。勾选"使用大字体"复选框后，该选项变为"大字体"，用于选择大字体文件。
- "使用大字体"复选框：指定亚洲语言的大字体文件。只有.shx格式的文件可以创建"大字体"。
- "注释性"复选框：指定文字为注释性。
- "使文字方向与布局匹配"复选框：指定图纸空间视口中的文字方向与布局方向匹配。如果未勾选"注释性"复选框，则该复选框不可用。
- "高度"数值框：用于设置文字的高度。AutoCAD 2016的默认值为0，如果设置为默认值，在文本标注时，AutoCAD 2016定义文字高度为2.5mm，用户可重新进行设置。

在"字体名"列表中，有一类字体前带有@符号，如果选择了该类字体样式，则标注的文字效果为向左旋转90°。

工程师点拨

【7-2】中文标注前提

只有选择了有中文字库的字体文件，如宋体、仿宋体、楷体或大字体中的Hztxt.shx等字体文件，才能正常进行中文标注，否则会出现问号或者乱码。

7.1.3 设置文本效果

在AutoCAD 2016中，用户可以对字体的高度、宽度因子、倾斜角以及是否颠倒显示、反向或垂直对齐等特性进行修改。"效果"选项组中各选项功能介绍如下。

- "颠倒"复选框：用于将文字旋转180°，来颠倒显示字符，如图7-4所示。
- "反向"复选框：用于将文字以镜方式显示，如图7-5所示。

| 图7-4　颠倒效果 | 图7-5　反向效果 |

- "垂直"复选框：显示垂直对齐的字符。只有在选定字体支持双向时"垂直"复选框才可用。TrueType 字体的垂直定位不可用。
- "宽度因子"数值框：设置字符间距。输入小于 1.0 的值将压缩文字，输入大于 1.0 的值则扩

大文字，如图7-6所示的字体宽度为1.5。

- "倾斜角度"数值框：设置文字的倾斜角。输入-85和85之间的值将使文字倾斜。如图7-7所示字体的倾斜角度为30。

 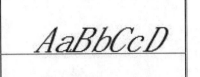

图7-6　宽度为1.5　　　　　　　　　　　图7-7　倾斜角度为30

7.1.4 预览与应用文本样式

在AutoCAD 2016中，对文字样式的设置效果可在"文字样式"对话框的预览区域进行预览。单击"应用"按钮，可将当前设置的文字样式应用到AutoCAD正在编辑的图形中，作为当前文字样式。

- "应用"按钮：用于将当前的文字样式应用到AutoCAD正在编辑的图形中。
- "取消"按钮：放弃文字样式的设置，并关闭"文字样式"对话框。
- "关闭"按钮：关闭"文字样式"对话框，同时保存对文字样式的设置。

示例 为"文字标注"文字样式设置字体为宋体、字高为8、宽度为2

步骤01 执行"格式>文字样式"命令，打开"文字样式"对话框，单击"新建"按钮，如图7-8所示。

步骤02 打开"新建文字样式"对话框，输入"样式名"为"文字标注"，如图7-9所示。

图7-8　单击"新建"按钮　　　　　　　　　图7-9　输入样式名

步骤03 单击"确定"按钮返回到"文字样式"对话框，在"字体名"下拉列表中选择"宋体"选项，如图7-10所示。

步骤04 设置"高度"值为8，"宽度因子"值为2，如图7-11所示。

步骤05 依次单击"应用"、"置为当前"、"关闭"按钮，即可完成文字样式的创建，如图7-12所示。

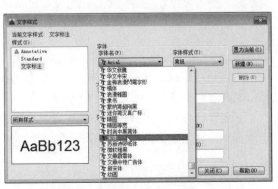

图7-10　选择字体名

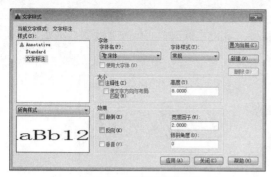

图7-11　设置高度和宽度

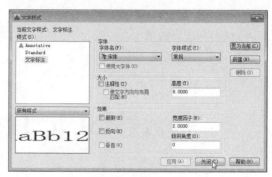

图7-12　关闭"文字样式"对话框

7.2　单行文本

单行文字就是将每行文字作为一个文字对象，一次性地在图纸中的任意位置添加所需的文本内容，并且可对每个文字对象进行单独的修改。下面将向用户介绍单行文本的标注、编辑，以及在文本标注中使用控制符输入特殊字符的方法。

7.2.1　创建单行文本

在AutoCAD 2016中，用户可以通过以下方法执行"单行文字"命令。

- 执行"绘图>文字>单行文字"命令。
- 在"默认"选项卡的"注释"选项组中单击"单行文字"按钮 A。
- 在"注释"选项卡的"文字"选项组中单击"单行文字"按钮 A。
- 在命令行中输入TEXT命令，然后按回车键。

在"默认"选项卡的"注释"选项组中单击"单行文字"按钮，命令行将会显示"指定文字的起点 或 [对正(J)/样式(S)]"的提示信息，下面简单介绍单行文字的设置方法。

1. 起点

默认情况下，所指定的起点位置即是文字行基线的起点位置。指定起点位置后，可按照命令行提示输入文字高度和旋转角度，也可使用默认高度和角度，按回车键后即可输入文字。完成文字输入后，按回车键并按Esc键退出文本输入。

2. 对正

可以通过该选项选择文字的自定义对正方式。在指定起点之前输入字母j，然后根据命令行提示信息在各对正选项中指定文字的对正方式。

系统默认为左对齐方式，如果在命令行中输入字母m，然后在绘图区指定一点为中点，分别指定高度和旋转角度并输入文字，即可获得中间对齐的单行文字。

3. 样式

通过定义文字样式，可将当前图形中已定义的某种文字样式设置为当前文字样式。在命令行中输入s，然后输入文字样式的名称，则输入的单行文字将按照该样式显示。

工程师点拨

【7-3】再次执行"单行文字"命令

当再次执行"单行文字"命令时，如果在"指定文字的起点"提示下按回车键，则将跳过输入高度和旋转角度的提示，直接在上一命令的最后一行文字对应对齐点位置输入文字。

7.2.2 使用文字控制符

在文本标注中，经常需要标注一些不能直接利用键盘输入的特殊字符，如直径"Φ"、角度"°"等。AutoCAD 2016为输入这些字符提供了控制符，见表7-1所示。用户可以通过输入控制符来输入特殊的字符。在单行文本标注和多行文本标注中，控制符的使用方法有所不同。

表7-1 特殊字符控制符

控制符	对应特殊字符	控制符	对应特殊字符
%%C	直径（Φ）符号	%%D	度（°）符号
%%O	上划线符号	%%P	正负公差（±）符号
%%U	下划线符号	\U+2238	约等于（≈）符号
%%%	百分号（%）符号	\U+2220	角度（∠）符号

工程师点拨

【7-4】%%O和%%U开关上下划线

%%O和%%U是两个切换开关，第一次输入时打开上划线或下划线功能，第二次输入则关闭上划线或下划线功能。

标注多行文本时，可以灵活地输入特殊字符。在"多行文字编辑器"选项卡的"插入"选项组中单击"符号"下拉按钮，在展开的下拉列表中会列出特殊字符的控制符选项，如图7-13所示。另外，在"符号"下拉列表中选择"其他"选项，将弹出"字符映射表"对话框，选择所需字符进行输入即可，如图7-14所示。

图7-13 "符号"下拉列表

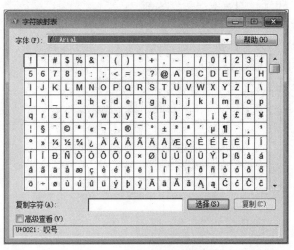

图7-14 "字符映射表"对话框

在"字符映射表"对话框中，通过"字体"下拉列表选择不同的字体，选择所需字符，单击该字符，如图7-15所示。然后单击"选择"按钮，选中的字符会显示在"复制字符"文本框中，单击"复制"按钮，选中的字符即被复制到剪贴板中，如图7-16所示。最后打开多行文本编辑框的快捷菜单，选择"粘贴"命令，即可插入所选字符。

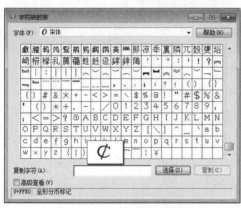

图7-15　选择字符

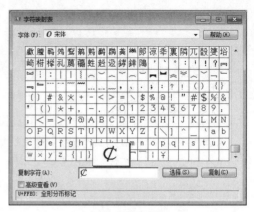

图7-16　复制选择的字符

7.2.3 编辑单行文本

若对已标注的文本进行修改，如文字的内容、对正方式以及缩放比例等，可通过编辑命令和"特性"面板进行编辑。

1. 使用命令编辑单行文本

在AutoCAD 2016中，用户可以通过以下方法执行文本编辑命令。

- 执行"修改>对象>文字>编辑"命令。
- 在命令行中输入DDEDIT，然后按回车键。

执行以上任意一种操作后，在绘图窗口中单击要编辑的单行文字，即可进入文字编辑状态，对文本内容进行相应的修改，如图7-17所示。

图7-17　文字编辑状态

2. 使用"特性"面板编辑单行文本

选择要编辑的单行文本并右击，在弹出的快捷菜单中选择"特性"命令，打开"特性"面板，在"文字"选项区域中，对文字进行修改，如图7-18所示。

该面板中各选项的作用如下。

- 常规：用于修改文本颜色和所属的图层。
- 三维效果：用于设置三维材质。
- 文字：用于修改文字的内容、样式、对正方式、高度、旋转角度、倾斜角度和宽度比例等。
- 几何图形：用于修改文本的起始点位置。

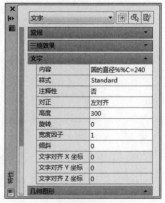

图7-18　"特性"面板

7.3 创建与编辑多行文本

多行文字是一种更易于管理的文字对象，由两行或两行以上的文字组成，利用"多行文字"工具可以创建包含一个或多个文字段落，创建好的多行文字可作为单一对象处理。在实际建筑制图中，常用多行文字功能创建较为复杂的文字说明。

7.3.1 创建多行文本

在AutoCAD 2016中，用户可以通过以下方法执行"多行文字"命令。

● 执行"绘图>文字>多行文字"命令。
● 在"默认"选项卡的"注释"选项组中单击"多行文字"按钮A。
● 在"注释"选项卡的"文字"选项组中单击"多行文字"按钮A。
● 在命令行中输入快捷命令T，然后按回车键。

执行"绘图>文字>多行文字"命令，在绘图区域中通过指定对角点框选出文字输入范围，如图7-19所示，然后在文本框中输入文字，如图7-20所示。

图7-19　指定对角点

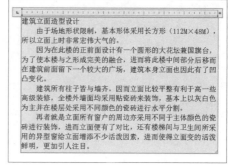

图7-20　输入文字

在系统自动打开的"文本编辑器"选项卡中，对文字的样式、字体、加粗以及颜色等属性进行设置，如图7-21所示。

图7-21　"文字编辑器"选项卡

7.3.2 编辑多行文本

编辑多行文本与编辑单行文本一样，也是用DDEDIT命令和"特性"面板进行编辑。

1. 使用命令编辑多行文本

执行"修改>对象>文字>编辑"命令，选择多行文本作为编辑对象，将会弹出"文字编辑器"面板和文本编辑框。同创建多行文字一样，在"文字编辑器"面板中，可对多行文字进行字体属性的设置。

2. 使用"特性"面板编辑多行文本

选取多行文本并右击，在打开的快捷菜单中选择"特性"命令，打开"特性"面板，如图7-22所示。与单行文本的"特性"面板不同的是，没有"其他"选项组，"文字"选项组中增加了行距比例、行间距、行距样式3个选项，但缺少了"倾斜"和"宽度因子"选项。

图7-22 多行文字的"特性"面板

工程师点拨

【7-5】设置多行文本宽度比例倾斜角度

多行文本的宽度比例和倾斜角度只能在"多行文字"选项卡的"设置格式"功能区中设置。

7.3.3 拼写检查

在AutoCAD 2016中，用户可以对当前图形的所有文字进行拼音检查，包括单行文字、多行文本等内容。

执行"工具>拼写检查"命令或在"注释"选项卡的"文字"选项组中单击"拼写检查"按钮，都将打开"拼写检查"对话框，如图7-23所示。在"要进行检查的位置"下拉列表中设置要进行检查的位置，单击"开始"按钮，即可进行检查。

执行"编辑>查找"命令，打开"查找和替换"对话框，对已输入的一段文本中的部分文字进行查找和替换操作，如图7-24所示。

图7-23 "拼写检查"对话框

图7-24 "查找和替换"对话框

7.4　多重引线

引线对象是一条线或样条曲线，一端带有箭头或设置没有箭头，另一端带有多行文字对象或块。多重引线标注功能常用于对图形中的某些特定对象进行说明，使图形表达更清楚。

7.4.1　多重引线标注样式

在向AutoCAD图形添加多重引线时，单一的引线样式往往不能满足设计的要求，这就需预先定义新的引线样式，即指定基线、引线、箭头和注释内容的格式，用于控制多重引线对象的外观。

在AutoCAD 2016中，通过"多重引线样式管理器"对话框可创建并设置多重引线样式，用户可以通过以下方法调出该对话框。

- 执行"格式>多重引线样式"命令。
- 在"默认"选项卡的"注释"选项组中单击"多重引线样式"按钮 。
- 在"注释"选项卡的"引线"选项组中单击对话框启动器按钮 。
- 在命令行中输入MLEADERSTYLE命令。

执行以上任意一种操作后，可打开如图7-25所示的"多重引线样式管理器"对话框。单击"新建"按钮，打开"创建新多重引线样式"对话框，输入样式名并选择基础样式，如图7-26所示。单击"继续"按钮，即可在打开的"修改多重引线样式"对话框中对各选项卡进行详细设置。

图7-25　"多重引线样式管理器"对话框

图7-26　输入新样式名

1. "引线格式"选项卡

在"修改多重引线样式"对话框中，"引线格式"选项卡用于设置引线的类型及箭头的形状，如图7-27所示。其中各选项组的作用如下。

- "常规"选项组：主要用来设置引线的类型、颜色、线型、线宽等。在"类型"下拉列表中可以选择"直线"、"样条曲线"或"无"选项。
- "箭头"选项组：主要用来设置箭头的形状和大小。
- "引线打断"选项组：主要用来设置引线"打断大小"的参数。

2. "引线结构"选项卡

在"引线结构"选项卡中可以设置引线的段数、引线每一段的倾斜角度及引线的显示属性，如图7-28所示。其中各选项组的作用如下。

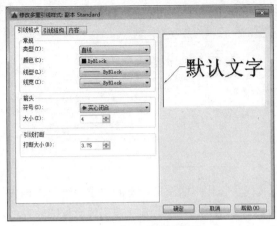

图7-27 "引线格式"选项卡

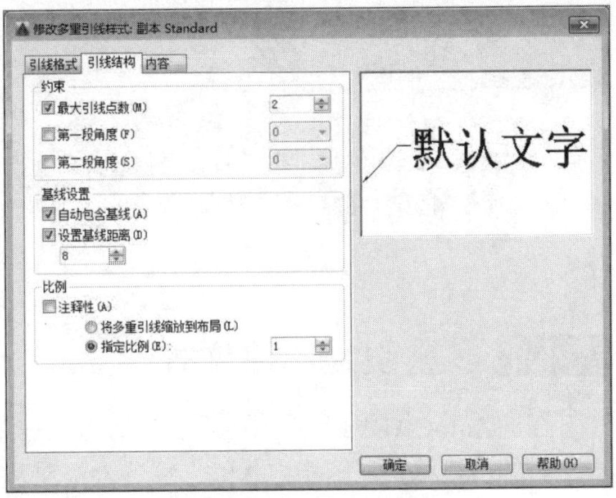

图7-28 "引线结构"选项卡

● "约束"选项组：在该选项组中勾选相应的复选框，可指定点数目和角度值。

● "基线设置"选项组：可以指定是否自动包含基线及多重引线的固定距离。

● "比例"选项组：在该选项组中勾选"注释性"复选框或选择相应单选按钮，可以确定引线比例的显示方式。

3. "内容"选项卡

在"内容"选项卡中，主要用来设置引线标注的文字属性。在引线中既可以标注多行文字，也可以在其中插入块，这两个类型的内容主要通过"多重引线类型"下拉列表来切换。

（1）"多行文字"选项

选择该选项后，选项卡中各选项用来设置文字的属性，与"文字样式"对话框基本类似，如图7-29所示。然后单击"文字选项"选项组中"文字样式"列表框右侧的按钮 [...]，可直接访问"文字样式"对话框。其中"引线连接"选项组，用于控制多重引线的引线连接设置，引线可以水平或垂直连接。

（2）"块"选项

选择"块"选项后，即可在"源"列表中指定块内容，并在"附着"列表中指定块的范围、插入点或中心点附着块类型，还可以在"颜色"列表框中指定多重引线块内容颜色，如图7-30所示。

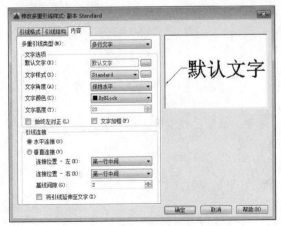

图7-29 引线类型为"多行文字"选项

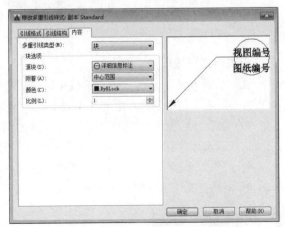

图7-30 引线类型为"块"选项

7.4.2 管理多重引线标注

在AutoCAD中使用多重引线时，首先需要选取所需的多重引线样式，然后利用"多重引线"工具栏中的相应按钮进行多重引线的创建、添加以及删除操作。

1. 创建多重引线

要使用多重引线标注现有的对象，可在"引线"选项组中单击"多重引线"按钮，依次在图中指定引线箭头位置、基线位置并添加标注文字，系统将按照当前多重引线样式创建多重引线。

2. 添加或删除多重引线

在对图形添加多重引线时，针对相同模型可采用同一个多重引线，并使用两条或多条基线和箭头进行引线标注，AutoCAD提供了"添加引线"功能用来辅助编辑引线。

在"多重引线"选项组中单击"添加引线"按钮，选取需要添加引线的多重引线和需要引出标注的图形对象后，按回车键即可完成多重引线的添加，如图7-31所示。

如果创建的多重引线不符合设计的需要，可将该引线删除。单击"删除引线"按钮，并选择需要删除引线的多重引线，然后选取多余的引线并按回车键，即可完成删除操作。

图7-31　添加多重引线

7.5 表格功能

表格在建筑制图中常用于门窗表和其他关于材料和面积表格的展示。使用表格能够帮助用户更加清晰地表达数据。在实际的绘图过程中，由于图形类别的不同，使用的表格以及表格表现的数据信息也不相同。这就需要使用AutoCAD软件的表格功能快速、清晰、醒目地反映出设计者的设计思想及意图。

7.5.1 定义表格样式

表格是一个在行和列中包含数据的对象，其外观由表格样式控制。在实际设计过程中，根据建筑施工图的设计要求，需要设置与之对应的表格样式，使其符合当前制图的需要。

在AutoCAD 2016中，可以使用"表格样式"对话框来创建和修改表格样式。用户可以通过以下方法打开"表格样式"对话框。

● 执行"格式>表格样式"命令。
● 在"默认"选项卡的"注释"选项组中单击"表格样式"按钮。
● 在"注释"选项卡的"表格"选项组中单击对话框启动器按钮。
● 在命令行中输入快捷命令TABLESTYLE，然后按回车键。

执行以上任意一种操作，都将打开"表格样式"对话框，如图7-32所示。在该对话框中，用户可创建新的表格样式，也可对已定义的表格样式进行编辑。

单击"表格样式"对话框的"新建"按钮，在打开的对话框中输入新的表格样式名并单击"继续"按钮，即可打开"新建表格样式"对话框，在该对话框中可设置新建表格的样式。

在"新建表格样式"对话框中，用户可通过以下3种选项来对表格的标题、表头和数据样式进行设置。下面将对这3个选项卡进行说明。

1. "常规"选项卡

在该选项卡中，用户可以对表格的填充、对齐方式、格式、类型和页边距进行设置，如图7-33所示。

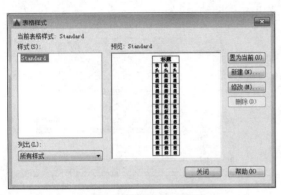
图7-32 "表格样式"对话框

图7-33 "常规"选项卡

该选项卡中各选项说明如下：

- "填充颜色"选项：用于设置表格的背景填充颜色。
- "对齐"选项：用于设置表格单元中的文字对齐方式。
- "格式"选项：单击其右侧的按钮，打开"表格单元格式"对话框，设置表格单元格的数据格式。
- "类型"选项：用于设置新建表格是数据类型还是标签类型。
- "页边距"选项组：用于设置表格单元中的内容距边线的水平和垂直距离。

2. "文字"选项卡

该选项卡可设置表格单元中的文字样式、高度、颜色和角度等特性，如图7-34所示。该选项卡各主要选项说明如下。

- "文字样式"选项：选择可以使用的文字样式，单击其右侧的 按钮，可以打开的"文字样式"对话框，并创建新的文字样式。
- "文字高度"数值框：用于设置表单元中的文字高度。
- "文字颜色"选项：用于设置表单元中的文字颜色。
- "文字角度"数值框：用于设置表单元中的文字倾斜角度。

3. "边框"选项卡

该选项卡可以对表格边框特性进行设置，如图7-35所示。在该选项卡中有8个边框按钮，单击其中任意按钮，可将设置的特性应用到相应的表格边框上。

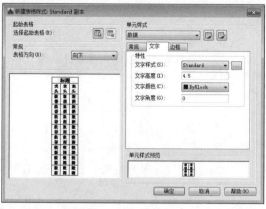

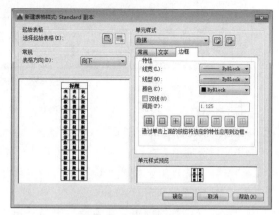

图7-34 "文字"选项卡　　　　　　　　图7-35 "边框"选项卡

该选项卡各主要选项说明如下。

● "线宽"选项：用于设置表格边框的线宽。

● "线型"选项：用于设置表格边框的线型样式。

● "颜色"选项：用于设置表格边框的颜色。

● "双线"复选框：勾选该复选框，可将表格边框线型设置为双线。

● "间距"数值框：用于设置边框双线间的距离。

7.5.2 插入表格

设置表格样式的目的是在指定的图形中插入指定表格样式的表格对象，因此在设置表格样式后，可以从空表格或表格样式中创建表格对象，或者将表格链接至Microsoft Excel电子表格中的数据。

在AutoCAD 2016中，用户可以通过以下方法执行插入表格操作。

● 执行"绘图>表格"命令。

● 在"默认"选项卡的"注释"选项组中单击"表格"按钮■。

● 在"注释"选项卡的"表格"选项组中单击"表格"按钮■。

● 在命令行中输入快捷命令TABLE，然后按回车键。

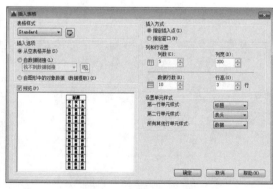

执行"绘图>表格"命令，将会打开"插入表格"对话框，如图7-36所示。在该对话框中，用户可定义表格样式、插入方式和行/列设置等表格参数。

图7-36 "插入表格"对话框

7.5.3 编辑表格

创建表格后，用户可对表格进行剪切、复制、删除、缩放或旋转等操作，也可对表格内文字进行编辑。选中需要编辑的单元格，在"表格单元"选项卡中，用户可根据需要对表格的行、列、单元样式、单元格式等元素进行编辑操作，如图7-37所示。

图7-37 "表格单元"选项卡

下面将对该选项卡中主要命令进行说明。

- "行"选项组：在该选项组中，用户可对单元格的行进行操作，例如插入行、删除行。
- "列"选项组：在该选项组中，用于可对选定的单元列进行操作，例如插入列、删除列。
- "合并"选项组：在该选项组中，用户可将多个单元格合并成一个单元格，也可将已合并的单元格进行取消合并操作。
- "单元样式"选项组：在该选项组中，用户可设置表格文字的对齐方式、单元格的颜色以及表格的边框样式等。
- "单元格式"选项组：在该选项组中，用户可确定是否将选择的单元格进行锁定操作，也可以设置单元格的数据类型。
- "插入"选项组：在该选项组中，用户可插入图块、字段以及公式等特殊符号。
- "数据"选项组：在该选项组中，用户可设置表格数据，如将Excel电子表格中的数据与当前表格中的数据进行链接操作。

上机实践：在图纸中插入文字注释

- **实践目的：** 建筑的施工说明能够很好地表达建筑图形的建筑结构和工序流程，而表格又为建筑的细部结构提供了详细的说明。通过本实训操作，读者可以更好地掌握文字和表格在建筑制图中的应用。
- **实践内容：** 应用本章所学的知识，在图纸中添加文字说明和表格说明。
- **实践步骤：** 首先打开所需的图形文件，然后用多行文字命令为图形添加文字注释，再创建表格并输入表格内容，具体操作介绍如下。

步骤01 打开素材文件，可以看到一幅住宅户型图，如图7-38所示。

步骤02 执行"绘图>文字>多行文字"命令，在图纸旁边单击并拖动到对角点，打开"文字编辑器"选项卡，如图7-39所示。

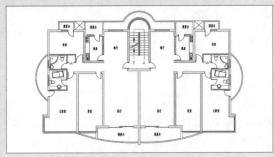

图7-38 打开图形文件

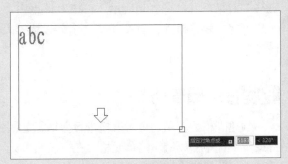

图7-39 打开"文字编辑器"选项卡

步骤03 在“文字编辑器”选项卡中设置文字字体和文字高度，如图7-40所示。

步骤04 设置完成后，输入文字内容，在空白处单击即可完成文字的创建，如图7-41所示。

默认 插入 注释 参数化 视图 管理 输出 附加模块 A3
注释性
150
文字样式
遮罩
样式
匹配
B I
仿宋_GB2312
ByLayer
清除
格式

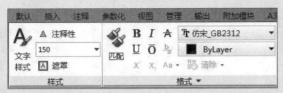

图7-40 设置文字字体与高度

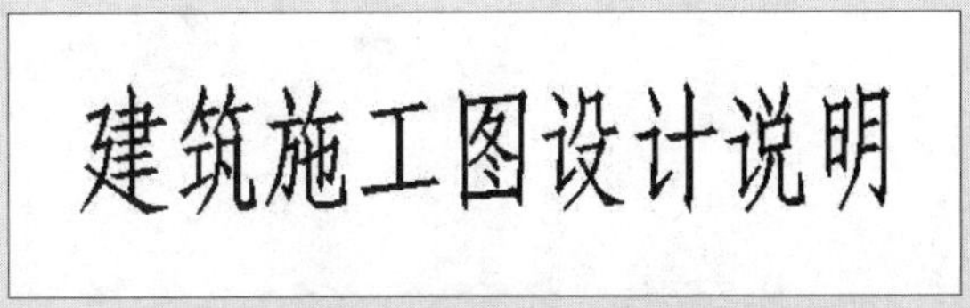

建筑施工图设计说明

图7-41 输入文字内容

步骤05 继续执行“多行文字”命令，在“文字编辑器”选项卡中设置文字高度及字体，如图7-42所示。

步骤06 输入设计说明文本内容，如图7-43所示。

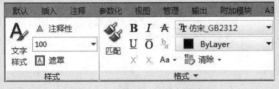

默认 插入 注释 参数化 视图 管理 输出 附加模块 A3
注释性
100
文字样式
遮罩
样式
匹配
B I
仿宋_GB2312
ByLayer
清除
格式

图7-42 设置文字字体与高度

建筑施工图设计说明
本设计包括A、B两种独立的别墅设计和结构设计
(一)图中尺寸
除标高以米为单位外，其他均为毫米。
(二)地面
1.水泥砂浆地面：20厚1：2水泥砂浆面层，70厚C10混凝土，80厚碎石垫层，素土夯实。
2.木地板底面：18厚企口板，50×60木搁栅，中距400（涂沥青），直径6，L=160钢筋固定@1000，刷冷底子油二度，20厚1：3水泥砂浆找平。
(三)楼面
1.水泥砂浆楼面：20厚1：2水泥砂浆面层，现浇钢筋混凝土楼板。
2.细石混凝土楼面：30厚C20细石混凝土加纯水泥砂浆，预制钢筋混凝土楼板。

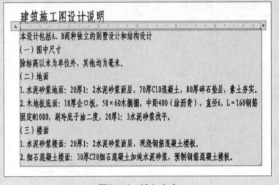

图7-43 输入文字

步骤07 在设计说明中有“直径6”文本，可用直径符号ϕ代替文字，删除“直径”二字，在光标处单击鼠标右键，在弹出的快捷菜单中选择“符号”命令子菜单中的“直径”选项，如图7-44所示。

步骤08 在绘图区的空白处单击，即可完成设计说明的文字输入，如图7-45所示。

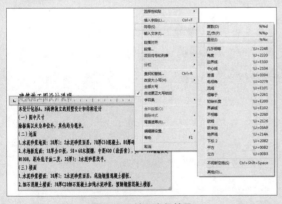

图7-44 输入直径符号

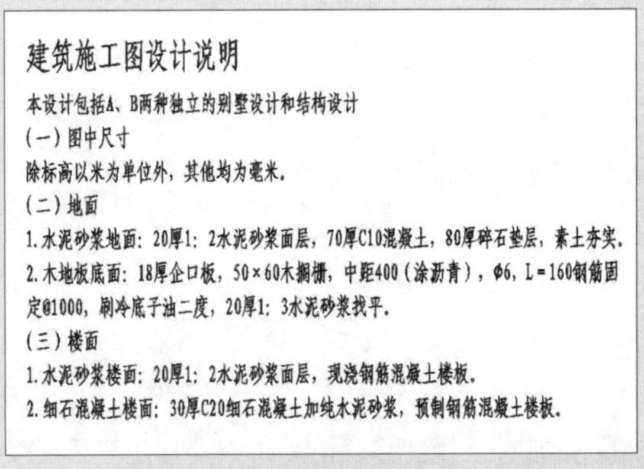

建筑施工图设计说明
本设计包括A、B两种独立的别墅设计和结构设计
(一)图中尺寸
除标高以米为单位外，其他均为毫米。
(二)地面
1.水泥砂浆地面：20厚1：2水泥砂浆面层，70厚C10混凝土，80厚碎石垫层，素土夯实。
2.木地板底面：18厚企口板，50×60木搁栅，中距400（涂沥青），ϕ6，L=160钢筋固定@1000，刷冷底子油二度，20厚1：3水泥砂浆找平。
(三)楼面
1.水泥砂浆楼面：20厚1：2水泥砂浆面层，现浇钢筋混凝土楼板。
2.细石混凝土楼面：30厚C20细石混凝土加纯水泥砂浆，预制钢筋混凝土楼板。

图7-45 完成设计说明

步骤09 执行“格式>表格样式”命令，打开“表格样式”对话框，单击“新建”按钮，在弹出的对话框中输入新的表格样式名，如图7-46所示。

步骤10 单击“继续”按钮，打开“新建表格样式”对话框，设置“标题”单元样式，在“常规”选项卡中设置对齐方式以及页边距垂直的距离，如图7-47所示。

图7-46 输入样式名   图7-47 标题"常规"选项卡

步骤11 切换到"文字"选项卡,设置文字高度为150,如图7-48所示。

步骤12 接着设置"表头"单元样式,在"常规"选项卡及"文字"选项卡中进行相应的设置,如图7-49、7-50所示。

图7-48 标题"文字"选项卡   图7-49 表头"常规"选项卡   图7-50 表头"文字"选项卡

步骤13 选择"数据"单元样式,在"常规"及"文字"选项卡中进行相应的设置,如图7-51、7-52所示。

图7-51 数据"常规"选项卡   图7-52 数据"文字"选项卡

步骤14 执行"绘图>表格"命令,打开"插入表格"对话框,设置行和列参数,如图7-53所示。

图7-53 设置行和列参数

步骤15 单击"确定"按钮,在绘图区中指定一点创建表格,标题栏会自动进入编辑状态,输入标题内容,如图7-54所示。

步骤16 选择A2和A3单元格,如图7-55所示。

图7-54 输入标题

图7-55 选择单元格

步骤17 在"表格单元"选项卡的"合并"选项组中单击"按列合并"按钮,即可将所选的两个单元格合并为一个,如图7-56所示。

步骤18 对B2、B3和H2、H3单元格区域进行合并单元格操作,如图7-57所示。

图7-56 按列合并单元格

图7-57 合并单元格

步骤19 再对C2~G2单元格区域执行横向按行合并单元格操作,如图7-58所示。

步骤20 双击单元格进入编辑模式,输入表格内容,如图7-59所示。

图7-58 按行合并单元格

门窗数量表							
门窗型号	宽*高	数量					备注
		地下一层	一层	二层	三层	总数	
C1212	1200×1200	0	2	0	0	2	铝合金窗
C2112	2100×1200	0	2	0	0	2	铝合金窗
C1516	1500×1600	0	0	0	2	2	铝合金窗
C1816	1800×1600	0	0	0	1	1	铝合金窗
C2119	2100×1900	8	6	0	0	14	铝合金窗
C2116	2100×1600	0	0	11	11	22	铝合金窗

图7-59 输入表格内容

步骤21 选择C4:G9单元格区域,执行"修改>特性"命令,打开"特性"面板,在"单元"选项区域中设置"水平单元边距"为50,如图7-60所示。

图7-60 设置水平边距

步骤22 设置后的效果如图7-61所示。

步骤23 选择B4:B9单元格区域,执行"修改>特性"命令,打开"特性"面板,在"单元"选项区域中设置"单元宽度"为800,如图7-62所示。

门窗数量表

门窗型号	宽*高	数量					备注
		地下一层	一层	二层	三层	总数	
C1212	1200×1200	0	2	0	0	2	铝合金窗
C2112	2100×1200	0	2	0	0	2	铝合金窗
C1516	1500×1600	0	0	1	1	2	铝合金窗
C1816	1800×1600	0	0	1	1	2	铝合金窗
C2119	2100×1900	8	6	0	0	14	铝合金窗
C2116	2100×1600	0	0	11	11	22	铝合金窗

图7-61 设置水平边距效果

图7-62 设置单元宽度

步骤24 设置后的表格效果如图7-63所示。

门窗数量表

门窗型号	宽*高	数量					备注
		地下一层	一层	二层	三层	总数	
C1212	1200×1200	0	2	0	0	2	铝合金窗
C2112	2100×1200	0	2	0	0	2	铝合金窗
C1516	1500×1600	0	0	1	1	2	铝合金窗
C1816	1800×1600	0	0	1	1	2	铝合金窗
C2119	2100×1900	8	6	0	0	14	铝合金窗
C2116	2100×1600	0	0	11	11	22	铝合金窗

图7-63 完成表格绘制

步骤25 将设计说明与表格调整到图纸合适位置,完成本次操作,效果如图7-64所示。

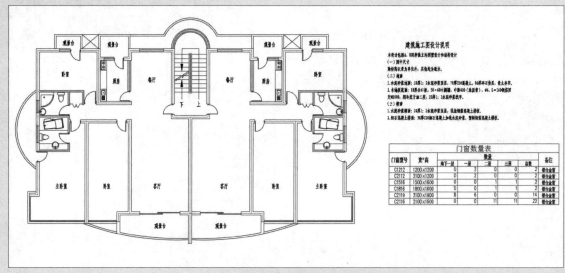

图7-64 调整图形

课后练习

通过本章的学习，使读者了解了文本标注的创建与编辑，在绘图中可以更直观地对图形文件进行表述。在操作题中，将练习如何对平面图和表格添加文字说明。

1. 填空题

（1）执行_____命令，可打开"文字样式"对话框来创建和修改文本样式。

（2）创建单行文字的命令是_____，编辑单行文字的命令是_____。

（3）在创建表格样式时，通常在"单元样式"选项区域的下拉列表中选择标题、表头、_____3个选项进行设置。

2. 选择题

（1）在AutoCAD中设置文字样式可以有很多效果，除了（　　　）。

A、垂直　　　　　　　B、水平　　　　　　　C、颠倒　　　　　　　D、反向

（2）定义文字样式时，符合国标GB要求的大字体是（　　　）。

A、gbcbig.shx　　　　B、chineset.shx　　　　C、txt.shx　　　　　D、bigfont.shx

（3）下列文字特性不能在"文字编辑器"面板中的"特性"选项卡下设置的是（　　　）。

A、高度　　　　　　　B、宽度　　　　　　　C、旋转角度　　　　　D、样式

（4）用"单行文字"命令书写直径符号时，应使用（　　　）。

A、%%d　　　　　　　B、%%p　　　　　　　C、%%c　　　　　　　D、%%u

（5）多行文字的命令是（　　　）。

A、TEXT　　　　　　　B、MTEXT　　　　　　C、QTEXT　　　　　　D、WTEXT

3. 操作题

（1）使用"单行文字"命令，为平面图添加图名，再为图形添加多重引线标注进行说明，如图7-65所示。

（2）为建筑剖面图绘制门窗表格。创建表格并进行编辑，利用"多行文字"命令创建注意事项文字，如图7-66所示。

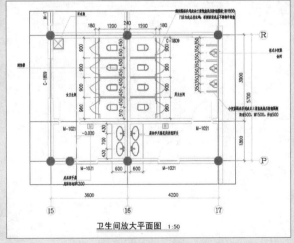

图7-65 为图形添加引线标注与图名

图7-66 绘制门窗表

Chapter
08

为建筑图形
添加标注

◇ 课题概述

尺寸标注是绘图设计过程中的一个重要环节，是图形的测量注释。在绘制图形时使用尺寸标注，能够为图形的各个部分添加提示和解释等辅助信息。

◇ 教学目标

本章将向读者介绍创建与设置标注样式、多重引线标注、编辑标注对象等内容，掌握好这些方法能够有效地节省我们的绘图时间。

◇ 章节重点

★★★★	编辑尺寸标注
★★★	角度标注
★★★	半径直径和圆心标注
★★★	长度标注
★★	尺寸标注关联性
★★	创建和设置尺寸标注

◇ 光盘路径

上机实践：实例文件\第8章\上机实践
课后练习：实例文件\第8章\课后练习

8.1 尺寸标注的规则与组成

尺寸用来确定建筑物的大小，是施工图中一项重要内容。在设计建筑施工图纸时，必须准确、详尽、完整、清晰地标注出各部分的实际尺寸，有了尺寸的图纸才能作为施工的依据。AutoCAD提供了多种方式的尺寸标注及编辑方法，而标注的数据是由系统测量自动获得，这样可以让尺寸标注工作即迅速又准确。

8.1.1 尺寸标注的规则

国家标准《尺寸注法》（GB/4458.3-1984），对尺寸标注时应遵循的有关规则作了明确规定。

1. 基本规则

在AutoCAD 2016中，对绘制的图形进行尺寸标注时，应遵循以下5个规则：

- 图样上所标注的尺寸数为图形的真实大小，与绘图比例和绘图的准确度无关。
- 图形中的尺寸以系统默认值mm（毫米）为单位时，不需要计算单位代号或名称，如果采用其他单位，则必须注明相应计量的代号或名称，如"度"的符号"°"和英寸的符号"″"等。
- 图样上所标注的尺寸数值应为工程图形完工的实际尺寸，否则需要另外说明。
- 建筑图形中的每个尺寸一般只标注一次，并标注在最能清晰表现该图形结构特征的视图上。
- 尺寸的配置要合理，功能尺寸应该直接标注，尽量避免在不可见的轮廓线上标注尺寸，数字之间不允许有任何图线穿过，必要时可以将图线断开。

2. 尺寸数字

- 线性尺寸的数字一般应注写在尺寸线的上方，也允许注写在尺寸线的中断处。
- 线性尺寸数字的方向，以平面坐标系的Y轴为分界线，左边按顺时针方向标注在尺寸线的上方，右边按逆时针方向标注在尺寸线的上方，但在与Y轴正负方向成30°角的范围内不标注尺寸数字。在不引起误解情况下，也允许采用引线标注。但在一张图样中，应尽可能采用一种方法。
- 角度的数字一律写成水平方向，一般注写在尺寸线的中断处。必要时也可使用引线标注。尺寸数字不可被任何图线所通过，否则必须将该图线断开。

3. 尺寸线

- 尺寸线用细实线绘制，其终端可以用箭头和斜线两种形式。箭头适用于各种类型的图样，但在实践中多用于机械制图，斜线多用于建筑制图。斜线用细实线绘制，当尺寸线的终端采用斜线形式时，尺寸线与尺寸界线必须相互垂直。
- 当尺寸线与尺寸界线相互垂直时，同一张图样中只能采用一种尺寸线终端的形式。当采用箭头时，在地位不够的情况下，允许用圆点或斜线代替箭头。
- 标注线性尺寸时，尺寸线必须与所标注的线段平行。尺寸线不能用其他图线代替，一般也不得与其他图线重合或画在其延长线上。
- 标注角度时，尺寸线应画成圆弧，其圆心是该角的顶点。
- 当对称机件的图形只画出一半或略大于一半时，尺寸线应略超过对称中心线或断裂处的边界线，此时仅在尺寸线的一端画出箭头。

4. 尺寸界线

- 尺寸界线用细实线绘制，并应由图形的轮廓线、轴线或对称中心线处引出。也可利用轮廓线、轴线或对称中心线作尺寸界线。
- 当表示曲线轮廓上各点的坐标时，可将尺寸线或其延长线作为尺寸界线。
- 尺寸界线一般应与尺寸线垂直，必要时才允许倾斜。在光滑过渡处标注尺寸时，必须用细实经将轮廓线延长，从它们的交点处引出尺寸界线。
- 标注角度的尺寸界线应径向引出。标注弦长或弧长的尺寸界线应平行于该弦的垂直平分线，当弧度较大时，可沿径向引出。

5. 标注尺寸的符号

- 标注直径时，应在尺寸数字前加注符号"Φ"；标注半径时，应在尺寸数字前加注符号"R"；标注球面的直径或半径时，应在符号"Φ"或"R"前再加注符号"S"。
- 标注弧长时，应在尺寸数字上方加注符号"⌒"。
- 标注参考尺寸时，应将尺寸数字加上圆括弧。
- 当需要指明半径尺寸是由其他尺寸所确定时，应用尺寸线和符号"R"标出，但不要注写尺寸数。

工程师点拨

【8-1】设置尺寸标注

尺寸标注中的尺寸线、尺寸界线用细实线。尺寸数字中的数据不一定是标注对象的图上尺寸，因为有时使用了绘图比例。

8.1.2 尺寸标注的组成

一个完整的尺寸标注具有尺寸界线、尺寸线、箭头和尺寸数字4个要素，如图8-1所示。

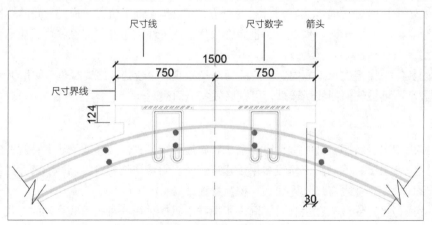

图8-1　尺寸标注的组成

尺寸标注基本要素的作用与含义如下。

- 尺寸界线：也称为投影线，从被标注的对象延伸到尺寸线。尺寸界线一般与尺寸线垂直，特殊情况下也可以将尺寸界线倾斜，有时也用对象的轮廓线或中心线代替尺寸界线。
- 尺寸线：表示尺寸标注的范围，通常与所标注的对象平行，一端或两端带有终端号，如箭头或斜线，角度标注的尺寸线为圆弧线。

- 箭头：位于尺寸线两端，用于标记标注的起始和终止位置。箭头的范围很广，既可以是短划线、点或其他标记，也可以是块，还可以是用户创建的自定义符号。
- 尺寸数字：用于指示测量的字符串，一般位于尺寸线上方或中断处。标注文字可以反映基本尺寸，也可以包含前缀、后缀和公差，还可以按极限尺寸形式标注。如果尺寸界线内放不下尺寸文字，AutoCAD将会自动将其放到外部。

8.1.3 创建尺寸标注的步骤

尺寸标注是一项系统化的工作，涉及尺寸线、尺寸界线、指引线所属的图层，以及尺寸文本的样式、尺寸样式、尺寸公差样式等。在AutoCAD中对图形进行尺寸标注时，通常按以下步骤进行。

（1）创建或设置尺寸标注图层，将尺寸标注在该图层上。
（2）创建或设置尺寸标注的文字样式。
（3）创建或设置尺寸标注样式。
（4）使用对象捕捉等功能，对图形中的元素进行相应的标注。
（5）设置尺寸公差样式。
（6）标注带公差的尺寸。
（7）设置形位公差样式。
（8）标注形位公差。
（9）修改调整尺寸标注。

8.2 创建与设置标注样式

标注样式可以控制尺寸标注的格式和外观，建立和强制执行图形的绘图标准，便于对标注格式和用途进行修改。在AutoCAD 2016中，利用"标注样式管理器"对话框，可创建与设置标注样式。

调出"标注样式管理器"对话框可以通过以下方法打开。

- 执行"格式>标注样式"命令。
- 在"默认"选项卡的"注释"选项组中单击"标注样式"按钮 ⊿。
- 在"注释"选项卡的"标注"选项组中单击对话框启动器按钮 ⊿。
- 在命令行中输入快捷命令D或DS，然后按回车键。

执行以上任意一种操作后，都将打开"标注样式管理器"对话框，如图8-2所示。在该对话框中，用户可以创建新的标注样式，也可以对已定义的标注样式进行设置。

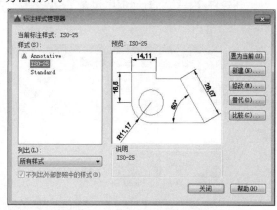

图8-2 "标注样式管理器"对话框

"标注样式管理器"对话框中各选项的含义介绍如下。

- "样式"选项组：列出图形中的标注样式，当前样式被亮显。在列表中单击鼠标右键，可显示快捷菜单及选项，设定当前标注样式、重命名样式和删除样式，但不能删除当前样式或当前图形使用的样式。
- "列出"选项组：控制"样式"列表框中样式显示。如果要查看图形中所有的标注样式，则选择"所有样式"选项；如果只希望查看图形中标注当前使用的标注样式，则选择"正在使用的样式"选项。
- "预览"选项组：显示"样式"列表中选定样式的图示。
- "置为当前"按钮：将在"样式"下选定的标注样式设定为当前标注样式。当前样式将应用于所创建的标注。
- "新建"按钮：单击该按钮将打开"创建新标注样式"对话框，定义新的标注样式。
- "修改"按钮：单击该按钮将打开"修改标注样式"对话框，修改标注样式。该对话框的选项与"新建标注样式"对话框中的选项相同。
- "替代"按钮：单击该按钮将打开"替代当前样式"对话框，设定标注样式的临时替代值。该对话框选项与"新建标注样式"对话框中的选项相同。替代将作为未保存的更改结果显示在"样式"列表中的标注样式下。
- "比较"按钮：单击该按钮将打开"比较标注样式"对话框，比较两个标注样式或列出一个标注样式的所有特性。

8.2.1 新建标注样式

在"标注样式管理器"对话框中，单击"新建"按钮，可打开"创建新的标注样式"对话框，如图8-3所示。其中各选项的含义介绍如下。

图8-3 "创建新标注样式"对话框

- "新样式名"文本框：指定新的标注样式名。
- "基础样式"下拉列表：设定作为新样式的基础样式。对于新样式，仅更改那些与基础特性不同的特性。
- "用于"下拉列表：创建一种仅适用于特定标注类型的标注子样式。
- "继续"按钮：单击该按钮可打开"新建标注样式"对话框，定义新的标注样式特性。

"新建标注样式"对话框中包含了6个选项卡，在各个选项卡中可对标注样式进行相关设置，如图8-4、8-5所示。

图8-4 "线"选项卡

图8-5 "箭头和符号"选项卡

其中，各选项卡的功能介绍如下。

- "线"选项卡：主要用于设置尺寸线、尺寸界线的相关参数。
- "符号和箭头"选项卡：主要用于设置设定箭头、圆心标记、弧长符号和折弯半径标注的格式和位置。
- "调整"选项卡：主要用于控制标注文字、箭头、引线和尺寸线的放置。
- "主单位"选项卡：主要用于设定主标注单位的格式和精度，并设定标注文字的前缀和后缀。
- "换算单位"选项卡：主要用于指定标注测量值中换算单位的显示并设定其格式和精度。
- "公差"选项卡：主要用于指定标注文字中公差的显示及格式。

8.2.2 设置直线和箭头

在"线"和"符号和箭头"选项卡中，用户可设置尺寸线、尺寸界线、圆心标记和箭头等内容。

1. "尺寸线"选项组

该选项组用于设置尺寸线的特性，如颜色、线宽、基线间距等特征参数，还可以控制是否隐藏尺寸线。

- "颜色"选项：显示并设定尺寸线的颜色。如果单击"选择颜色"按钮，将显示"选择颜色"对话框。
- "线型"选项：设定尺寸线的线型。
- "线宽"选项：设定尺寸线的线宽。
- "超出标记"数值框：指定当箭头使用倾斜、建筑标记、积分和无标记时，尺寸线超过尺寸界线的距离。如图8-6所示为尺寸线没有超出标记，如图8-7所示为超出标记。

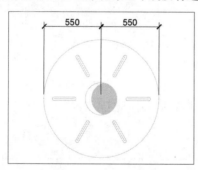
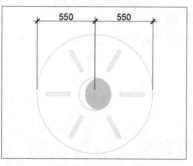

图8-6　没有超出标记　　　　　　　　图8-7　超出标记

- "基线间距"数值框：设定基线标注尺寸线之间的距离，如图8-8、8-9所示。

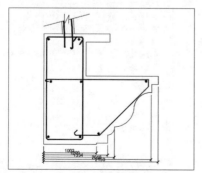
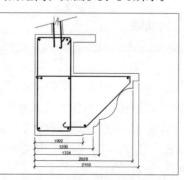

图8-8　基线间距为80　　　　　　　　图8-9　基线间距为120

● "隐藏"选项区域：不显示尺寸线。勾选"尺寸线 1"复选框，将不显示第一条尺寸线；勾选"尺寸线 2"复选框，将不显示第二条尺寸线。

2."尺寸界线"选项组

该选项组用于控制尺寸界线的外观。可以设置尺寸界线的颜色、线宽、超出尺寸线、起点偏移量等特征参数。

● "延伸线1的线型"选项：设定第一条尺寸界线的线型。
● "延伸线2的线型"选项：设定第二条尺寸界线的线型。
● "隐藏"选项区域：不显示尺寸界线。
● "超出尺寸线"数值框：指定尺寸界线超出尺寸线的距离。
● "起点偏移量"数值框：设定自图形中定义标注的点到尺寸界线的偏移距离。
● "固定长度的尺寸界线"复选框：启用固定长度的尺寸界线，可使用"长度"数值框，设定尺寸界线的总长度，起始于尺寸线，直到标注原点。

3."箭头"选项组

在"符号和箭头"选项卡的"箭头"选项组中，用户可以选择尺寸线和引线标注的箭头形式，还可以设置箭头的大小。AutoCAD 2016提供的箭头种类如图8-10所示。

● "第一个"选项：设定第一条尺寸线的箭头。当改变第一个箭头的类型时，第二个箭头将自动改变以同第一个箭头相匹配。
● "第二个"选项：设定第二条尺寸线的箭头。
● "引线"选项：设定引线箭头。

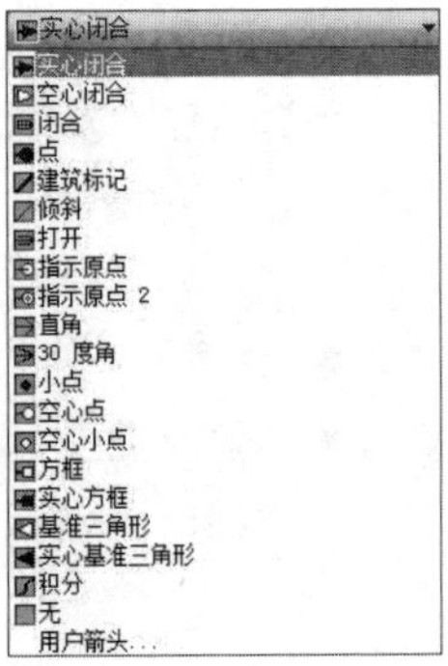

4."圆心标记"选项组

该选项组用于控制直径标注和半径标注的圆心标记和中心线的外观。

图8-10 箭头种类

● "无"单选按钮：不创建圆心标记或中心线。
● "标记"单选按钮：创建圆心标记。选择该选项，圆心标记为圆心位置的小十字线。
● "直线"单选按钮：创建中心线。选择该选项时，圆心标记的标注线将延伸到圆外。

8.2.3 设置文本

在"文字"选项卡中，用户可以设置标注文字的格式、放置和对齐，如图8-11所示。

1."文字外观"选项组

该选项组用于控制标注文字的样式、颜色、高度等属性。

● "文字样式"选项：列出可用的文本样式。单击后面的"文字样式"按钮，可以显示"文字样式"对话框，从中创建或修改文字样式。
● "填充颜色"选项：设定标注中文字背景的颜色。
● "分数高度比例"数值框：设定相对于标注文

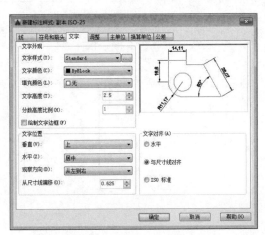

图8-11 "文字"选项卡

字的分数比例。在数值框中输入的值乘以文字高度，可确定标注分数相对于标注文字的高度。

工程师点拨

【8-2】分数制标注尺寸

只有在采用分数制标注尺寸时，分数高度比例才对尺寸数字有效。此处设置的分数高度比例与"公差"选项卡中的"高度比例"是相关联的，设置其中的任意一处，另一处会自动与之相同。

2. "文字位置"选项组

在该选项组中，用户可以设置文字的垂直、水平位置以及文字与尺寸线之间的距离。

（1）"垂直"选项

该选项用于控制标注文字相对尺寸线的垂直位置。垂直位置包括如下子选项：

- "居中"用于将标注文字放在尺寸线的两部分中间。
- "上方"用于将标注文字放在尺寸线上方。
- "外部"用于将标注文字放在尺寸线上远离第一个定义点的一边。
- JIS用于按照日本工业标准 (JIS) 放置标注文字。
- "下方"将标注文字放在尺寸线下方。

（2）"水平"选项

该选项用于控制标注文字在尺寸线上相对于尺寸界线的水平位置。水平位置子选项为：

- "居中"用于将标注文字沿尺寸线放在两条尺寸界线的中间。
- "第一条尺寸界线"用于沿尺寸线与第一条尺寸界线左对正。
- "第二条尺寸界线"用于沿尺寸线与第二条尺寸界线右对正。
- "第一条尺寸界线上方"用于沿第一条尺寸界线放置标注文字或将标注文字放在第一条尺寸界线之上。
- "第二条尺寸界线上方"用于沿第二条尺寸界线放置标注文字或将标注文字放在第二条尺寸界线之上。

（3）"观察方向"选项

该选项用于控制标注文字的观察方向。"从左到右"选项是按从左到右阅读的方式放置文字。"从右到左"选项是按从右到左阅读的方式放置文字。

（4）"从尺寸线偏移"数值框

该选项用于设定当前文字间距，文字间距是指当尺寸线断开以容纳标注文字时，标注文字周围的距离。

3. "文字对齐"选项组

该选项组用于控制标注文字放在尺寸界线外边或者里边时的方向是保持水平还是与尺寸界线平行。

- "水平"单选按钮：水平放置文字。
- "与尺寸线对齐"单选按钮：文字与尺寸线对齐。
- "ISO标准"单选按钮：当文字在尺寸界线内时，文字与尺寸线对齐。当文字在尺寸界线外时，文字水平排列。

8.2.4 设置调整

"调整"选项卡用于设置文字、箭头、尺寸线的标注方式、文字的标注位置和标注的特征比例等，如图8-12所示。

1."调整选项"选项组

该选项组用于控制基于尺寸界线之间可用空间的文字和箭头位置。

- "文字或箭头（最佳效果）"单选按钮：按照最佳效果将文字或箭头移动到尺寸界线外。
- "箭头"单选按钮：先将箭头移动到尺寸界线外，然后移动文字。
- "文字"单选按钮：先将文字移动到尺寸界线外，然后移动箭头。

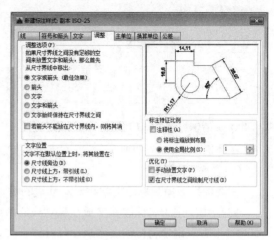

图8-12 "调整"选项卡

- "文字和箭头"单选按钮：当尺寸界线间距离不足以放下文字和箭头时，文字和箭头都移到尺寸界线外。
- "文字始终保持在尺寸界线之间"单选按钮：始终将文字放在尺寸界线之间。
- "若不能放在尺寸界线内，则将其消"复选框：如果尺寸界线内没有足够的空间，则不显示箭头。

2."文字位置"选项组

该选项组用于设定标注文字从默认位置（由标注样式定义的位置）移动时标注文字的位置。

- "尺寸线旁边"单选按钮：如果选择该单选按钮，只要移动标注文字，尺寸线就会随之移动。
- "尺寸线上方，带引线"单选按钮：如果选择该单选按钮，移动文字时尺寸线不会移动。如果将文字从尺寸线上移开，将创建一条连接文字和尺寸线的引线。当文字非常靠近尺寸线时，将省略引线。
- "尺寸线上方，不带引线"单选按钮：如果选择该单选按钮，移动文字时尺寸线不会移动，远离尺寸线的文字不与带引线的尺寸线相连。

3."标注特征比例"选项组

该选项组用于设定全局标注比例值或图纸空间比例。

4."优化"选项组

该选项组提供用于放置标注文字的其他选项。

8.2.5 设置主单位

"主单位"选项卡用于设定主标注单位的格式和精度，并设定标注文字的前缀和后缀，如图8-13所示。

1."线性标注"选项组

该选项组用于设定线性标注的格式和精度。

- "单位格式"选项：设定除角度之外所有标注类型的当前单位格式。

● "精度"选项：显示和设定标注文字中的小数位数，如图8-14、8-15所示。

图8-13 "主单位"选项卡

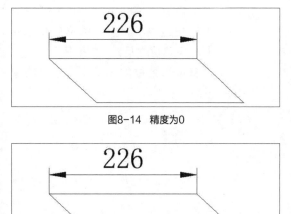

图8-14 精度为0

图8-15 精度为0.00

● 分数格式：设定分数的格式。只有当单位格式为"分数"时，此选项才可用。

● 舍入：为除"角度"之外的所有标注类型设置标注测量值的舍入规则。如果输入 0.25，则所有标注距离都以 0.25 为单位进行舍入。如果输入 1.0，则所有标注距离都将舍入为最接近的整数。小数点后显示的位数取决于"精度"设置。

2. "测量单位比例"选项组

该选项组用于定义线性比例选项，并控制该比例因子是否仅用于布局标注。

3. "消零"选项组

该选项组用于控制是否禁止输出前导零和后续零以及零英尺和零英寸部分。

● 前导：不输出所有十进制标注中的前导零。

● 辅单位因子：将辅单位的数量设定为一个单位。它用于在距离小于一个单位时以辅单位为单位计算标注距离。

● 辅单位后缀：在标注值子单位中包含后缀。可以输入文字或使用控制代码显示特殊符号。

● 0英尺：如果长度小于一英尺，则消除英尺-英寸标注中的英尺部分。

● 0英寸：如果长度为整英尺数，则消除英尺-英寸标注中的英寸部分。

4. "角度标注"选项组

该选项组用于显示和设定角度标注的当前角度格式。

8.2.6 设置换算单位

在"换算单位"选项卡中，可以设置换算单位的格式，如图8-16所示。设置换算单位的单元格格式、精度、前缀、后缀和消零的方法，与设置主单位的方法相同，但该选项卡中有两个选项是独有的。

● "换算单位倍数"数值框：指定一个乘数作为主单位和换算单位之间的转换因子使用。例如，要将英寸转换为毫米，则输入25.4。此值对角度标注没有影响，而且不会应用于舍入值或者正、负公差值。

● "位置"选项组：该选项组用于控制标注文字中换算单位的位置。其中"主值后"单选按钮用于将换算单位放在标注文字中的主单位之后。"主值下"单选按钮用于将换算单位放在标注文字中的主单位下面。

图8-16 "换算单位"选项卡

8.2.7 设置公差

在"公差"选项卡中，可以设置指定标注文字中公差的显示及格式，如图8-17所示。

1. "公差格式"选项组

该选项组用于设置公差的方式、精度、公差值、公差文字的高度与对齐方式等。

● "方式"选项：设定计算公差的方法。其中，"无"表示不添加公差；"对称"表示公差的正负偏差值相同；"极限偏差"表示公差的正负偏差值不同；"极限尺寸"表示将公差值合并到尺寸值中，并且将上界显示在下界的上方；"基本尺寸"表示创建基本标注，这将在整个标注范围周围显示一个框。

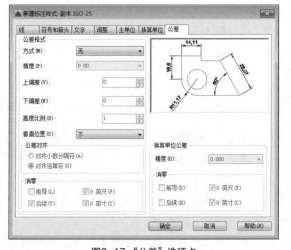

图8-17 "公差"选项卡

● "精度"选项：设定小数位数。
● "上偏差"数值框：设定最大公差或上偏差。如果在"方式"中选择"对称"选项，则此值将用于公差。
● "下偏差"数值框：设定最小公差或下偏差。
● "垂直位置"选项：控制对称公差和极限公差的文字对正。

2. "消零"选项组

该选项组用于控制是否显示公差文字的前导零和后续零。

3. "换算单位公差"选项组

该选项组用于设置换算单位公差的精度和消零。

工程师点拨

【8-3】"公差"选项卡

该选项卡中的"高度比例"与"文字"选项卡中的"分数高度比例"是相关联的。

8.3 尺寸标注种类

长度尺寸标注包括线性标注、对齐标注、基线标注和连续标注4种方式，下面将分别介绍。

8.3.1 线性标注

线性标注主要用于标注任意两点之间在x轴方向的水平距离或y轴方向的垂直距离，也可以标注带有一定旋转角度的尺寸，即线性标注可分为水平尺寸、垂直尺寸及旋转尺寸。

在AutoCAD 2016中，用户可以通过以下方法执行"线性"标注命令。

- 执行"标注>线性"命令。
- 在"默认"选项卡的"注释"选项组中单击"线性"按钮⊢。
- 在"注释"选项卡的"标注"选项组中单击"线性"按钮⊢。
- 在命令行中输入快捷命令DIM，然后按回车键。

执行"线性"标注命令后，命令行提示内容如下。

```
命令：_dimlinear
指定第一个尺寸界线原点或〈选择对象〉：
指定第二条尺寸界线原点：
指定尺寸线位置或
[多行文字(M)/文字(T)/角度(A)/水平(H)/垂直(V)/旋转(R)]：
标注文字 =
```

命令行中各选项的含义介绍如下。

- 第一条尺寸界线原点：指定第一条尺寸界线的原点后，将提示指定第二条尺寸界线的原点。
- 尺寸线位置：AutoCAD使用指定点定位尺寸线并且确定绘制尺寸界线的方向。指定位置之后，将绘制标注。
- 多行文字：显示在文字编辑器，可用来编辑标注文字。用尖括号（< >）表示生成的测量值。要给生成的测量值添加前缀或后缀，请在尖括号前后输入前缀或后缀。
- 文字：在命令提示下，自定义标注文字。生成的标注测量值显示在尖括号中。要包括生成的测量值，请用尖括号（< >）表示。如果标注样式中未打开换算单位，可以通过输入方括号（[ ]）来显示换算单位。
- 角度：用于设置标注文字（测量值）的旋转角度。
- 水平/垂直：用于标注水平尺寸和垂直尺寸。选择这两个选项时，用户可以直接确定尺寸线的位置，也可以选择其他选项来指定标注的标注文字内容或者标注文字的旋转角度。
- 旋转：用于放置旋转标注对象的尺寸线。
- 选择对象：在选择对象之后，自动确定第一条和第二条尺寸界线的原点。对多段线和其他可分解对象，仅标注独立的直线段和圆弧段。不能选择非统一比例缩放块参照中的对象。

工程师点拨

【8-4】拾取框的应用

在"选择对象"模式下，系统只允许用拾取框选择标注对象，不支持其他方式。

8.3.2 对齐标注

对齐标注与线性标注的操作方法相同，不同之处在于尺寸线与用于指定尺寸界线两点之间的连线平行，因此广泛用于对斜线、斜面等具有倾斜特征的线性尺寸进行标注。

在AutoCAD 2016中，用户可以通过以下方法执行"对齐"标注命令。

● 执行"标注>对齐"命令。
● 在"默认"选项卡的"注释"选项组中单击"对齐"按钮↖。
● 在"注释"选项卡的"标注"选项组中单击"对齐"按钮↖。
● 在命令行中输入快捷命令DAL，然后按回车键。

执行"对齐"标注命令后，在绘图窗口中分别指定要标注的第一个点和第二个点，并指定好标注尺寸位置，即可完成对齐标注。

8.3.3 基线标注

基线标注主要用于创建系列标注，从上一个标注或者选定标注的第一尺寸界线处创建平行的线性或角度的连续标注。

在AutoCAD 2016中，用户可以通过以下方法执行"基线"标注命令。

● 执行"标注>基线"命令。
● 在"注释"选项卡的"标注"选项组中单击"基线"按钮⊨。
● 在命令行中输入快捷命令DBA，然后按回车键。

执行以上任意一种操作后，系统将自动指定基准标注的第一条尺寸界线作为基线标注的尺寸界线原点，然后用户根据命令行的提示指定第二条尺寸界线原点。选择第二点之后，将绘制基线标注并再次显示"指定第二条尺寸界线原点"提示。

8.3.4 连续标注

连续标注与基线标注差不多，也是用于创建系列标注，其操作方法与基线标注类似，但是该命令会依次从上一个或选定标注的第二尺寸界线处创建同一水平线上的线性或角度连续标注。

在AutoCAD 2016中，用户可以通过以下方法执行"连续"标注命令。

● 执行"标注>连续"命令。
● 在"注释"选项卡的"标注"选项组中单击"连续"按钮⊟。
● 在命令行中输入快捷命令DCO，然后按回车键。

连续标注用于绘制一连串尺寸，每一个尺寸的第二个尺寸界线原点是下一个尺寸的第一个尺寸界线原点，在使用"连续标注"之前要标注的对象必须有一个尺寸标注。

8.3.5 半径标注

半径标注用于标注圆或圆弧的半径尺寸，标注完成后系统会自动在标注文字前添加直径符号φ。

在AutoCAD 2016中，用户可以通过以下方法执行"半径"标注命令。

● 执行"标注>半径"命令。
● 在"注释"选项卡的"标注"选项组中单击"半径"按钮◌。
● 在命令行中输入快捷命令DRA，然后按回车键。

执行"半径"标注命令后，在绘图窗口中选择所需标注的圆或圆弧，并指定好标注尺寸位置，即可完成半径标注。

8.3.6 直径标注

直径标注用于标注圆或圆弧的直径尺寸，标注完成后系统会自动在标注文字前添加半径符号R。在AutoCAD 2016中，用户可以通过以下方法执行"直径"标注命令。

- 执行"标注>直径"命令。
- 在"注释"选项卡的"标注"选项组中单击"直径"按钮◎。
- 在命令行中输入快捷命令DDI，然后按回车键。

执行"直径"标注命令后，在绘图窗口中选择要进行标注的圆或圆弧，并指定尺寸标注位置，即可创建出直径标注。

工程师点拨

【8-5】尺寸变量DIMFIT取值

当尺寸变量DIMFIT取默认值3时，半径和直径的尺寸线标注在圆外；当尺寸变量DIMFIT的值设置为0时，半径和直径的尺寸线标注在圆内。

8.3.7 圆心标注

圆心标注用于给指定的圆或圆弧标注画出圆心符号，标记圆心，其标记可以是短十线，也可以是中心线。

在AutoCAD 2016中，用户可以通过以下方法执行"圆心标记"命令。

- 执行"标注>圆心标记"命令。
- 在"注释"选项卡的"标注"选项组中单击"圆心标记"按钮⊕。
- 在命令行中输入DIMCENTER，然后按回车键。

在绘图窗口中，选择圆弧或圆形，此时在圆心位置将自动显示圆心点。

8.3.8 角度标注

角度标注测量两条直线或三个点之间的角度。要测量圆两条半径之间的圆度，可以先选择圆，然后指定角度端点。对于其他对象，需要选择对象然后指定标注位置。

在AutoCAD 2016中，用户可以通过以下方法执行"角度"标注命令。

- 执行"标注>角度"命令。
- 在"注释"选项卡的"标注"选项组中单击"角度"按钮△。
- 在命令行中输入快捷命令DAN，然后按回车键。

执行"角度"标注命令后，命令行提示内容如下。

```
命令：_dimangular
选择圆弧、圆、直线或 <指定顶点>：
```

- 选择圆弧：使用选定圆弧上的点作为三点角度标注的定义点。圆弧的圆心是角度的顶点，圆弧端点成为尺寸界线的原点。

- 选择圆：系统自动把该拾取点作为角度标注的第二条尺寸界线的起始点。
- 选择直线：用两条直线定义角度。程序通过将每条直线作为角度的矢量，将直线的交点作为角度顶点来确定角度。尺寸线跨越这两条直线之间的角度。如果尺寸线与被标注的直线不相交，将根据需要添加尺寸界线，以延长一条或两条直线。圆弧总是小于180度。
- 指定三点：创建基于指定三点的标注。角度顶点可以同时为一个角度端点。如果需要尺寸界线，那么角度端点可用作尺寸界线的原点。

8.3.9 坐标标注

在AutoCAD 2016中，用户可以通过以下方法执行"坐标"标注命令。

- 执行"标注>坐标"命令。
- 在"注释"选项卡的"标注"选项组中单击"坐标"按钮。
- 在命令行中输入快捷命令DOR，然后按回车键。

执行"坐标"标注命令后，命令行提示内容如下。

```
命令：_dimordinate
指定点坐标：
指定引线端点或 [X 基准 (X)/Y 基准 (Y)/多行文字 (M)/文字 (T)/角度 (A)]：
标注文字 =
```

命令行中主要选项含义介绍如下。

- 指定引线端点：使用点坐标和引线端点的坐标差，确定是X坐标标注还是Y坐标标注。如果Y坐标的坐标差较大，标注就测量X坐标，否则就测量Y坐标。
- X基准：测量X坐标并确定引线和标注文字的方向。
- Y基准：测量Y坐标并确定引线和标注文字的方向。

8.3.10 快速标注

在AutoCAD 2016中，用户可以通过以下方法执行"快速标注"命令。

- 执行"标注>快速标注"命令。
- 在"注释"选项卡的"标注"选项组中单击"快速标注"按钮。
- 在命令行中输入QDIM，然后按回车键。

执行"快速标注"命令后，命令行提示内容如下。

```
选择要标注的几何图形：
指定尺寸线位置或 [连续 (C)/并列 (S)/基线 (B)/坐标 (O)/半径 (R)/直径 (D)/基准点 (P)/编辑 (E)/设置 (T)]
<半径>：
```

命令行中各选项的含义介绍如下。

- 连续：创建一系列连续标注，线性标注线端对端地沿同一条直线排列。
- 并列：创建一系列并列标注，线性尺寸线以恒定的增量相互偏移。
- 基线：创建一系列基线标注，线性标注共享一条公用尺寸界线。
- 半径：创建一系列半径标注，将显示选定圆弧和圆的半径值。
- 直径：创建一系列直径标注，将显示选定圆弧和圆的直径值。
- 基准点：为基线和坐标标注设置新的基准点。

8.4 形位公差标注

下面将为用户介绍形位公差标注，其中包括公差的符号表示和使用对话框标注公差等内容。

8.4.1 形位公差的符号表示

在AutoCAD中，可通过特征控制框来显示形位公差信息，如图形的形状、轮廓、方向、位置和跳动的偏差等。下面将介绍几种常用公差符号的标识与含义，如表8-1所示。

表8-1 公差符号

符号	含 义	符号	含 义
⌖	定位	▱	平坦度
◎	同心/同轴	○	圆或圆度
⌯	对称	—	直线度
//	平行	⌓	平面轮廓
⊥	垂直	⌒	直线轮廓
∠	角	↗	圆跳动
⌭	柱面性	⌰	全跳动
∅	直径	Ⓛ	最小包容条件（LMC）
Ⓟ	投影公差	Ⓢ	不考虑特征尺寸（RFS）
		Ⓜ	最大包容条件（MMC）

8.4.2 使用对话框标注形位公差

在AutoCAD 2016中，用户可以通过以下方法执行“公差”标注命令。

- 执行“标注>公差”命令。
- 在“注释”选项卡的“标注”选项组中单击“公差”按钮。
- 在命令行中输入快捷命令TOL，然后按回车键。

执行“公差”标注命令后，系统将打开“形位公差”对话框，如图8-18所示。

该对话框中各选项的功能介绍如下。

1.“符号”选项组

该选项组用于显示从“特征符号”对话框中选择的几何特征符号，如图8-19所示。

2.“公差1”选项组

该选项组用于创建特征控制框中的第一个公差值。公差值指明了几何特征相对于精确形状的允许偏差量。可在公差值前插入直径符号，在其后插入包容条件符号。

- 第一个框：在公差值前面插入直径符号，单击该框插入直径符号。
- 第二个框：创建公差值，在框中输入值。
- 第三个框：显示“附加符号”对话框，从中选择修饰符号，如图8-20所示。这些符号可以作

为几何特征和大小可改变的特征公差值的修饰符。在"形位公差"对话框中，将符号插入到的第一个公差值的"附加符号"框中。

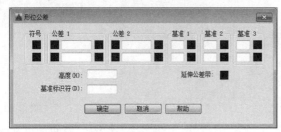

图8-18 "形位公差"对话框

图8-19 "特征符号"对话框

图8-20 "附加符号"对话框

3."公差2"选项组

该选项组用于在特征控制框中创建第二个公差值。以与第一个相同的方式指定第二个公差值。

4."基准1"选项组

该选项组用于在特征控制框中创建第一级基准参照。基准参照由值和修饰符号组成。基准是理论上精确的几何参照，用于建立特征的公差带。

- 第一个框：创建基准参照值。
- 第二个框：显示"附加符号"对话框，从中选择修饰符号。这些符号可以作为基准参照的修饰符。在"形位公差"对话框中，将符号插入到第一级基准参照的"附加符号"框中。

5."基准2"选项组

在特征控制框中创建第二级基准参照，方式与创建第一级基准参照相同。

6."基准3"选项组

在特征控制框中创建第三级基准参照，方式与创建第一级基准参照相同。

7."高度"数值框

创建特征控制框中的投影公差零值。投影公差带控制固定垂直部分延伸区的高度变化，并以位置公差控制公差精度。

8."延伸公差带"选项

在延伸公差带值的后面插入延伸公差带符号。

9."基准标识符"文本框

创建由参照字母组成的基准标识符。基准是理论上精确的几何参照，用于建立其他特征的位置和公差带。点、直线、平面、圆柱或者其他几何图形都能作为基准。

工程师点拨

【8-6】"公差"命令

用"公差"命令标注形位公差不能绘制引线，必须用"引线"命令绘制引线。

8.5　编辑尺寸标注

下面将为用户介绍标注对象的编辑方法，包括编辑标注、替代标注、更新标注等内容。

8.5.1　编辑标注

使用编辑标注命令，可以改变尺寸文本或者强制尺寸界线旋转一定的角度。在命令行中输入快捷命令DED并按回车键，根据命令提示进行编辑标注操作，命令行提示内容如下。

```
命令：DED DIMEDIT
输入标注编辑类型［默认(H)/新建(N)/旋转(R)/倾斜(O)］〈默认〉:
```

- 默认：将旋转标注文字移回默认位置。选定的标注文字移回到由标注样式指定的默认位置和旋转角。
- 新建：使用在位文字编辑器更改标注文字。
- 旋转：用于旋转指定对象中的标注文字，选择该项后系统将提示用户指定旋转角度，如果输入0，则把标注文字按缺省方向放置。
- 倾斜：调整线性标注尺寸界线的倾斜角度，选择该项后系统将提示用户选择对象并指定倾斜角度。当尺寸界线与图形的其他要素冲突时，"倾斜"选项将很有用处。

8.5.2　替代标注

当少数尺寸标注与其他大多数尺寸标注在样式上有差别时，若不想创建新的标注样式，可以创建标注样式替代。

在"标注样式管理器"对话框中，单击"替代"按钮，打开"替代当前样式"对话框，如8-21所示。对所需的参数进行设置后，单击"确定"按钮返回到上一对话框，在"样式"列表中显示了"样式替代"选项，如图8-22所示。

图8-21　"替代当前样式"对话框

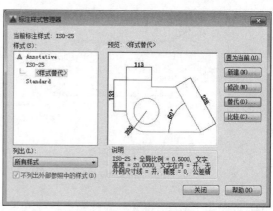

图8-22　"样式替代"选项

工程师点拨

【8-7】创建样式替代

用户只能为当前的样式创建样式替代，若将其他标注样式置为当前样式后，样式替代自动删除。

8.5.3 更新标注

在标注建筑图形中，用户可以使用更新标注功能，采用当前的尺寸标注样式。通过以下方法可调用更新尺寸标注命令。

- 执行"标注>更新"命令。
- 在"注释"选项卡的"标注"选项组中单击"更新"按钮 ⊓。

上机实践：为别墅剖面图添加尺寸标注

- ■ **实践目的：** 帮助用户掌握尺寸标注样式的创建与管理，以及各类尺寸标注的标注方法。
- ■ **实践内容：** 应用本章所学的知识为户型图添加尺寸标注。
- ■ **实践步骤：** 首先打开所需的图形文件，然后新建尺寸标注样式，最后运用尺寸标注命令对图形进行标注，具体操作介绍如下。

步骤01 打开素材文件，如图8-23所示。

步骤02 执行"格式>标注样式"命令，打开"标注样式管理器"对话框，如图8-24所示。

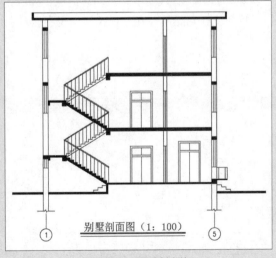

图8-23 打开素材文件

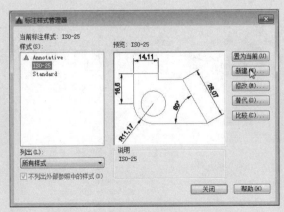

图8-24 "标注样式管理器"对话框

步骤03 单击"新建"按钮，打开相应的对话框，输入新样式名，如图8-25所示。

步骤04 单击"继续"按钮，打开"新建标注样式"对话框，在"主单位"选项卡中设置线性标注精度为0，如图8-26所示。

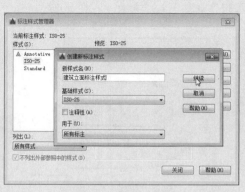

图8-25 新建标注样式

图8-26 "主单位"选项卡

步骤05 在"调整"选项卡中，选择"文字始终保持在尺寸界线之间"单选按钮，勾选"若箭头不能放在尺寸界线内，则将其消除"复选框，再设置全局比例为80，如图8-27所示。

步骤06 在"符号和箭头"选项卡中，设置箭头类型和箭头大小，如图8-28所示。

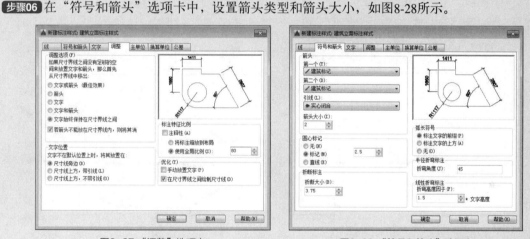

图8-27 "调整"选项卡   图8-28 "符号和箭头"选项卡

步骤07 在"线"选项卡中，设置超出尺寸线和起点偏移量的值，如图8-29所示。

步骤08 设置完毕后单击"确定"按钮关闭对话框，返回到"标注样式管理器"对话框，单击"值为当前"按钮后，单击"关闭"按钮，关闭对话框，如图8-30所示。

图8-29 "线"选项卡

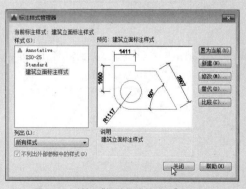

图8-30 关闭"标注样式管理器"对话框

步骤09 执行"标注>线性"命令，在图形左上角进行尺寸标注，如图8-31所示。

步骤10 执行"标注>连续"标注命令，进行连续标注操作，如图8-32所示。

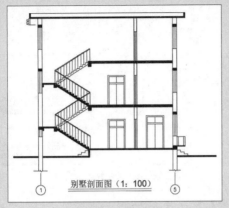

图8-31 线性标注

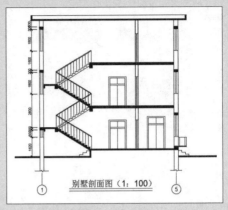

图8-32 连续标注

步骤11 再次执行"线性"标注命令，对已标注的墙体进行测量，获得其总长度值，如图8-33所示。

步骤12 调整标注位置，继续执行"线性"和"连续"标注命令，按照以上相同的操作方法，对图形中其它部分进行标注，如图8-34所示。

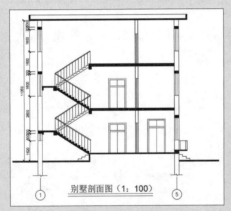

图8-33 标注总高

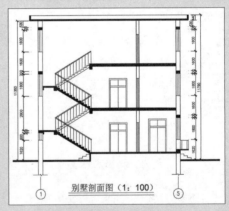

图8-34 创建标注

步骤13 执行"绘图>构造线"命令，捕捉绘制构造线，如图8-35所示。

步骤14 为图形添加标高图块并修改标高值，完成本次操作，如图8-36所示。

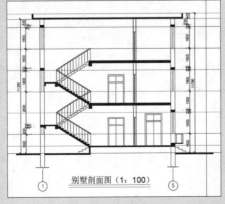

图8-35 绘制构造线

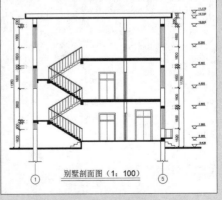

图8-36 添加标高图块

 课后练习

本章主要介绍了各种尺寸标注的概念、用途以及标注方法。熟练掌握尺寸标注，在绘图中是十分必要的。

1. 填空题

（1）在AutoCAD 2016中，使用_____命令可以打开"标注样式管理器"对话框中，利用该对话框可以创建、设置和修改标注样式。

（2）在工程制图时，一个完整的尺寸标注应该由_____、尺寸线、箭头和尺寸数字4个要素组成。

（3）在标注建筑图形中，用户可以使用_____功能，采用当前的尺寸标注样式。

2. 选择题

（1）在"新建标注样式"对话框中，"文字"选项卡下的"分数高度比例"选项只有设置了（　　）选项后才可生效。

　　A、单位精度　　　　　　　　　　B、公差
　　C、换算单位　　　　　　　　　　D、使用全局比例

（2）在AutoCAD 2016中，使用以下（　　）命令，可以立刻标注多个圆、圆弧及编辑现有标注的布局。

　　A、引线标注　　　　B、坐标标注　　　　C、快速标注　　　　D、折弯标注

（3）尺寸标注的快捷键是（　　）。

　　A、DOC　　　　　　B、DLI　　　　　　C、D　　　　　　　D、DIM

（4）使用"快速标注"命令标注圆或圆弧时，不能自动标注哪个选项（　　）。

　　A、半径　　　　　　B、基线　　　　　　C、圆心　　　　　　D、直径

3. 操作题

（1）使用"线性"、"连续"、"基线"、"角度"、"对齐"、"半径"和"直径"标注命令，为机械图添加尺寸标注，如图8-37所示。

（2）使用"多重引线"命令，对立面图进行引线标注说明，如图8-38所示。

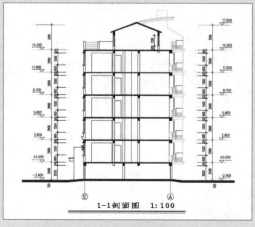

图8-37　标注机械图

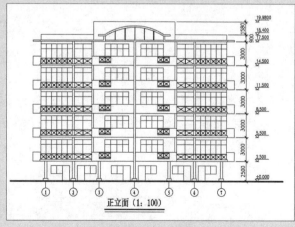

图8-38　标注立面图

Chapter

09

打印与发布
建筑图形

◇ 课题概述

大多数绘制AutoCAD图形的最终目标是打印输出，因为用户要用这些图纸
来建造施工。因此，在设计的最初阶段就得考虑最终输出的图形能否满足需
要。AutoCAD提供了功能强大的布局和打印输出工具，同时提供了丰富的
打印样式表，以帮助用户得到所期望的打印效果。

◇ 教学目标

本章主要介绍视图布局和浮动视口的设置方法，以及常用图形打印输出和格
式输出的方法，此外简要介绍了DWF和PDF格式文件的发布方法。

◇ 章节重点

★★★★　　图形的输入与输出
★★★　　　打印图纸
★★　　　　布局空间
★★　　　　网络应用

◇ 光盘路径

上机实践：实例文件\第9章\上机实践
课后练习：实例文件\第9章\课后练习

9.1 图形的输入输出

AutoCAD除了可以打开和保存DWG格式的图形文件外，还可以导入或导出其他格式的图形。

9.1.1 输入图形

将外部图形引入到当前图形，除了可以使用插入块和插入外部参照将图形连接或嵌入到当前图形的方法，也可以输入其他格式的文件。

在"插入"选项卡的"输入"选项组中单击"输入"按钮，打开"输入文件"对话框，如图9-1所示。在该对话框中用户可以设置文件类型后，选择所需的文件并单击"打开"按钮，即可将图形文件插入到绘图区中。

图9-1 "输入文件"对话框

9.1.2 插入OLE对象

OLE就是对象链接和嵌入，它提供了一种用于不同应用程序的信息创建复合文档的强有力方法，对象可以是几乎所有的信息类型，如图文字、位图、矢量图形，甚至声音注解和录像剪辑等。

在"插入"选项卡的"数据"选项组中单击"OLE对象"按钮，打开"插入对象"对话框，用户可根据需要插入链接或嵌入对象，如图9-2所示。

用户可使用以下3种方法进行操作：

图9-2 "插入对象"对话框

- 从现有文件中复制或剪切信息，并将其粘贴到图形中。
- 输入一个在其他应用中创建的现有文件。
- 在图形中打开另一个应用程序，并创建要使用的信息。

工程师点拨

【9-1】OLE对象

默认情况下，未打印的OLE对象显示有边框，支持绘图次序，打印的结果是不透明的，将覆盖其背景中的对象。

9.1.3 输出图形

AutoCAD是一个功能强大的绘图软件，所绘制的图形被广泛应用在许多领域，我们需要根据不同的用途，以不同的方式输出图形。

执行"文件>输出"命令，打开"输出数据"对话框，设置文件类型、文件名以及输出路径，执行保存操作后，即可完成文件的输出，如图9-3所示。

图9-3 "输出数据"对话框

9.2 模型与布局

执行图形打印输出和发布操作前，要先确定各视图分布效果，以便获得好的打印发布效果。AutoCAD软件提供了专门用于打印输出图纸时对图形进行排列和编辑的空间，即布局空间。因此可以在模型空间中设计建筑图纸，然后在布局空间中模拟现实图纸页面，便于后续直接进行图纸输出，以获得详尽、准确、有效的图形效果。

9.2.1 模型空间与布局空间

在AutoCAD 2016软件操作环境中，为了便于图形绘制和输出，AutoCAD提供了两个工作空间，即模型空间和布局空间。之前介绍的图形操作都是在模型空间中执行的，布局空间是专为打印输出图纸而定义的图纸空间。

1. 模型空间

模型空间是完成绘图和设计工作的空间，使用在模型空间中建立的模型可以完成二维或三维物体的造型，并且可以根据需求用多个二维或三维视图来表示物体，同时配有必要的尺寸标注和注释等来完成所需要的全部绘图工作。在模型空间中，用户可以创建多个不重叠的视口以展示图形的不同视图。

当状态栏中的"模型"功能按钮处于激活状态时，此时的工作空间即是模型空间，如图9-4所示。在模型空间中可以建立物体的二维或三维视图，并且可以根据需要执行"视图>视口"命令，在展开的子菜单中选择不同的视口模式，如图9-5所示。

<table>
<tr><td>图9-4 模型空间</td><td>图9-5 视口列表</td></tr>
</table>

2. 布局空间

布局空间是用户用来设置图形打印的操作空间，它与图纸的输出密切相关。布局空间虽然也可以绘制二维建筑图形以及三维建筑模型，但是主要用于创建最终的打印布局，而非绘图和设计工作。要切换布局空间，可单击状态栏的"布局"按钮，即可进入布局空间，如图9-6所示。

图9-6 布局空间

工程师点拨

【9-2】输出图形

在输出图形时，模型空间只能输出当前一个视口的图形，而在图纸空间中可以将所显示的多个视口内的图形一并输出。在图纸空间绘制的图形，转换到模型空间后将不能显示。

9.2.2 创建布局

在完成图形模型的绘制后，需要选择或创建一个图纸布局方式，以便将模型用适合的方式打印输出到图纸上。每一个布局都提供了图纸空间图形环境，用户在其中可以创建视口并指定每个布局的页面布局，页面设置实际上就是保存在相应布局中的打印设置。

1. 使用样板创建布局

使用样板创建布局，对于在建筑等工程领域中遵循某种通用标准进行绘图和打印的用户非常有意义。因为AutoCAD提供了多种不同国际标准体系的布局模板，这些标准包括ANSI、GB、ISO

等，其中要遵循的我国国家工程制图标准（GB）布局就有12种之多，支持的图纸幅面有A0、A1、A2、A3和A4。

执行"插入>布局>来自样板的布局"命令，打开"从文件选择样板"对话框，如图9-7所示，在该对话框中选择需要的布局模板，然后单击"打开"按钮，系统会弹出"插入布局"对话框，在该对话框中显示了当前所选布局模板的名称，单击"确定"按钮即可，如图9-8所示。

图9-7 选择样板

图9-8 插入布局

2. 使用向导创建布局

AutoCAD 2016可以创建多个布局来显示不同的视图，每一个布局都可以包含不同的绘图样式，布局视图中的图形就是绘制成果。通过布局功能，用户可以从多个角度表现同一图形。布局向导用于引导用户创建一个新的布局，每个向导页面都将提示用户为正在创建新布局指定不同的版面和打印设置。

执行"插入>布局>创建布局向导"命令，打开"创建布局-开始"对话框，如图9-9所示，该向导会一步步引导 用户进行创建布局的操作，过程中会分别对布局的名称、打印机、图纸尺寸和单位、图纸方向、标题栏及标题栏的类型、视口的类型，以及视口大小和位置等进行设置。利用向导创建布局的过程比较简单，而且一目了然。

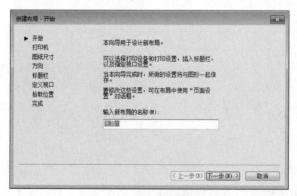

图9-9 "创建布局"对话框

工程师点拨

【9-3】打印预览

打印预览是将图形打印到图纸上之前，在屏幕上显示打印输出图形后的效果，主要包括图形线条的线宽、线型和填充图案等。预览后，若需要进行修改，可关闭该视图，进入设置页面再次进行修改。

9.3 图形的打印

图形绘制完成后，用户可以将其打印到图纸上，也可以生成一份电子图纸，以便从互联网上进行访问。AutoCAD作为强大的图形设计及处理软件，提供了强大的打印功能，不但可以直接打印图形文件，或将文件的一个视图以及用户自定义的一部分打印出来；可以在模型空间中直接打印图形，也可以在创建布局后打印布局出图。

9.3.1 设置打印样式

打印样式是一种对象特性，用于修改打印图形的外观，包括对象的颜色、线型和线宽等，也可指定端点、连接和填充样式，以及抖动、灰度、笔号和淡显等输出效果。

1. 创建颜色打印样式表

颜色相关打印样式建立在图形实体颜色设置的基础上，通过颜色来控制图形输出。使用时，用户可以根据颜色设置打印样式，再将这些打印样式赋予使用该颜色的图形实体，最终控制图形的输出。在创建图层时，系统将根据所选颜色的不同自动为其指定不同的打印样式，如图9-10所示。

与颜色相关的打印样式表都被保存在以（.ctb）为扩展名的文件中，命名打印样式表被保存在以（.stb）为扩展名的文件中。

2. 添加打印样式表

为适合当前图形的打印效果，通常在进行打印操作之前进行页面设置和添加打印样式表。

执行"工具>向导>添加打印样式表"命令，打开"添加打印样式表"向导对话框，如图9-11所示。该向导会一步步引导用户进行添加打印样式表操作，过程中会分别对打印的表格类型、样式表名称等参数进行设置。

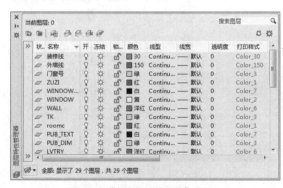

图9-10 "图层特性管理器"面板

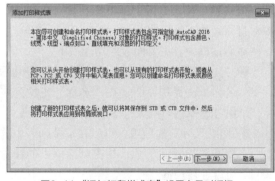

图9-11 "添加打印样式表"设置向导对话框

3. 管理打印样式表

在需要对相同颜色的对象进行不同的打印设置时，可以使用命名打印样式表，根据需要创建统一颜色对象的多种命名打印样式，并将其指定给对象。

执行"文件>打印样式管理器"命令，即可打开如图9-12所示的打印样式列表，该列表中显示之前添加的打印样式表文件，用户可双击相应的文件选项，在打开的"打印样式表编辑器"对话框中进行打印颜色、线宽、打印样式和填充样式等参数的设置，如图9-13所示。

图9-12 打印样式列表

图9-13 "打印样式表编辑器"对话框

9.3.2 设置打印参数

无论从模型空间还是布局中打印图形，打印图纸前，须对打印参数进行设置，且设置的参数是完全相同的，主要内容包括图纸尺寸、图形方向、打印区域以及打印比例等。用户可通过以下命令进行打印设置。

- 执行"文件>打印"命令。
- 在"输出"选项卡的"打印"选项组中单击"打印"按钮🖨。
- 在快速访问工具栏中单击"打印"按钮🖨。
- 在键盘上按Ctrl+P组合键。
- 在命令行中输入PLOT，然后按回车键。

执行"文件>打印"命令，即可打开"打印"对话框，如图9-14所示，用户可在该对话框中对打印参数进行设置。

该对话框中各主要面板的功能如下。

- "打印机/绘图仪"选项组：指定打印机的名称、位置和说明。在"名称"下拉列表中可选择打印机或绘图仪的类型。
- "图纸尺寸"选项组：可以在下拉列表中选择所需的图纸尺寸，并在对话框中的预览窗口进行预览。

图9-14 "打印"对话框

- "打印范围"下拉列表：可以对打印区域进行设置。
- "打印偏移"选项组：用于指定相对于可打印区域左下角的偏移量。勾选"居中打印"复选框，系统可以自动计算偏移值以便居中打印。
- "打印比例"选项组：选择标准比例，该值将显示在自定义中，如果需要按打印比例缩放线宽，可勾选"缩放线宽"复选框。
- "图形方向"选项组：设置图形在图纸上的方向，如果勾选"上下颠倒打印"复选框，表示将图形旋转180°打印。

9.3.3 保存与调用打印设置

如果要使用相同的打印设置打印多个文件，只需要设置一次打印参数，然后将其保存，即可在下次打印时使用。

1. 保存打印设置

打印设置完成后可对其参数进行保存，具体操作步骤如下。

步骤01 执行"文件>打印"命令，打开"打印"对话框，设置相关参数，如图9-15所示。

步骤02 在"页面设置"面板单击"添加"按钮，在弹出的"添加页面设置"对话框中输入新的页面设置名，单击"确定"按钮即可，如图9-16所示。

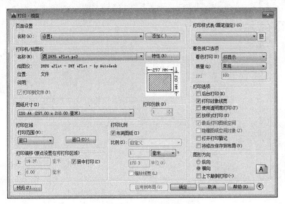

图9-15 设置打印参数

图9-16 "添加页面设置"对话框

设置完成后，返回绘图区并保存文件，此时，打印参数就会随图形一起保存了。

2. 调用打印设置

若要将保存的打印设置重新调入，可以使用以下方法进行操作。

步骤01 执行"文件>页面设置管理器"命令，打开"页面设置管理器"对话框，单击"输入"按钮，如图9-17所示。

步骤02 打开"从文件选择页面设置"对话框，选择保存过的打印设置文件，如图9-18所示。

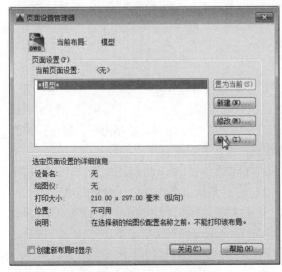

图9-17 单击"输入"按钮

图9-18 选择文件

步骤03 单击"打开"按钮，打开"输入页面设置"对话框，选择添加的页面设置名，单击"确定"按钮，如图9-19所示。

步骤04 返回到"页面设置管理器"对话框，可以看到添加的页面设置，依次单击"置为当前"、"关闭"按钮，即可完成操作，如图9-20所示。

图9-19　选择页面设置

图9-20　关闭对话框

9.4　输出和发布建筑图形

为了适应互联网的快速发展，使用户能够快速有效地共享设计信息，AutoCAD强化了Internet功能，使其与互联网相关的操作更加方便、高效。在AutoCAD中，用户可以创建Web格式的文件（DWF），或发布AutoCAD图形文件到Web页，还可以将建筑图形文件发布为PDF格式文件，这为分享和重复使用设计提供了更为便利的条件。

9.4.1　输出DWF文件

　　DWF文件是一种适应于Internet上发布的文件格式，并且可以在任何装有网络浏览器和专用插件的计算机中执行打开、查看、输出和发布操作。用户还可以将电子图形集保存为可加口令保护的单体多页DWF文件，可以使用Autodesk Express Viewer对其进行查看或打印。

　　要发布DWF文件，首先要创建该格式的文件，AutoCAD软件提供了eplot.pc3配置文件，可创建带有白色背景和纸张边界的DWF文件。在使用eplot功能时，系统将会先创建一个虚拟电子出图，利用eplot可指定多种设置，如指定旋转图纸尺寸等，并且这些设置都会影响DWF文件的打印效果。

　　在"打印"对话框中选择打印机/绘图仪名称为"DWF 6eplot.pc3"类型，单击"确定"按钮，打开"浏览打印文件"对话框，从中设置文件名称和路径，如图9-21、9-22所示。

图9-21　设置打印机/绘图仪

图9-22　设置文件名和路径

9.4.2 发布DWF文件

发布DWF文件时，可以使用绘图仪配置文件，也可以使用安装时选择的默认DWF6 eplot.pc3绘图仪驱动程序，还可以修改配置设置，例如颜色深度、显示精度、文件压缩、字体处理以及其他选项。修改DWF6 eplot.pc3文件后，所有DWF文件的打印和发布都将发生改变。

执行"文件>发布"命令，打开如图9-23所示的"发布"对话框。在该对话框中，用户可选择图形添加到发布列表，也可删除图纸，还可以对图纸进行重新排序。在该对话框的"发布为"列表中用户可选择发布文件格式，其中包括DWF、DWFx、PDF文件格式。选择文件格式后，还可以单击"发布选项"按钮，打开"发布选项"对话框，如图9-24所示。用户可根据需要设置输出文件位置、DWF文件的类型、密码保护状态和密码等参数。

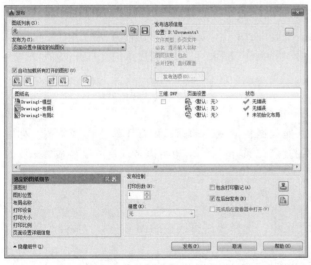

图9-23　"发布"对话框

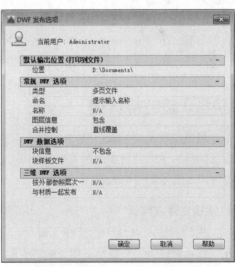

图9-24　"发布选项"对话框

最后，单击"发布"按钮，即可创建电子图形集，并且会在状态栏显示发布过程图标，完成图形发布后状态栏将会显示"完成打印和发布作业，未发现错误或警告"提示信息，确认已经发布成功。

9.4.3 发布PDF文件

AutoCAD中的发布和输出功能，在分享和重复使用等方面提供了极为便利的条件，有利于增进沟通和扩展设计团队。

在AutoCAD中发布PDF格式文件，可获得灵活、高质量的输出文件效果。其操作方法与发布DWF文件基本相同，这里不再赘述。

9.5 网络应用

在AutoCAD 2016中，用户可以在Internet上预览建筑图纸，为图纸插入超链接、将图纸以电子形式进行打印，并将设置好的图纸发布到Web以供用户浏览等。

9.5.1 Web浏览器应用

Web浏览器是通过URL获取并显示Web网页的一种软件工具。用户可在AutoCAD系统内部直接调用Web浏览器进入Web网络世界。

AutoCAD中的"输入"和"输出"命令都具有内置的Internet支持功能。通过该功能，可以直接从Internet上下载文件，然后在AutoCAD环境下编辑图形。

利用"浏览Web"对话框，可快速定位到要打开或保存文件的特定Internet位置。可指定一个默认的Internet网址，每次打开"浏览Web"对话框时都将加载该位置。如果不知道正确的URL，或者不想在每次访问Internet网址时输入冗长的URL，则可使用"浏览Web"对话框方便地访问文件。

此外，在命令行中直接输入BROWSER命令，按回车键后，可以根据提示信息打开网页。

9.5.2 超链接管理

超链接就是将AutoCAD中的图形对象与其他数据、信息、动画、声音等建立链接关系。利用超链接可实现由当前图形对象到关联图形文件的跳转。其链接的对象可以是现有的文件或Web页，也可以是电子邮件地址等。

1. 链接文件或网页

执行"插入>数据>超链接"命令，在绘图区中，选择要进行连接的图形对象，按回车键后打开"插入超链接"对话框，如图9-25所示。

单击"文件"按钮，打开"浏览Web-选择超链接"对话框，如图9-26所示。在此选择要链接的文件并单击"打开"按钮，返回到上一层对话框，单击"确定"按钮完成链接操作。在带有超链接的图形文件中，将光标移至带有链接的图形对象上时，光标右侧则会显示超链接符号，并显示链接文件名称。此时按住Ctrl键并单击该链接对象，即可按照链接网址切转到相关联的文件中。

图9-25 "插入超链接"对话框

图9-26 选择需链接的文件

"插入超链接"对话框中各选项说明如下。

- "显示文字"文本框：用于指定超链接的说明文字。
- "现有文件或Web页"选项：用于创建到现有文件或Web页的超链接。
- "键入文件或Web页名称"文本框：用于指定要与超链接关联的文件或Web页面。
- "最近使用的文件"选项：显示最近链接过的文件列表，用户可从中选择链接。
- "浏览的页面"选项：显示最近浏览过的Web页面列表。
- "插入的链接"选项：显示最近插入的超链接列表。
- "文件"按钮：单击该按钮，在"浏览Web-选择超链接"对话框中，指定与超链接相关联的文件。
- "Web页"按钮：单击该按钮，在"浏览Web"对话框中，指定与超链接相关联的Web页面。
- "目标"按钮：单击该按钮，在"选择文档中的位置"对话框中，选择链接到图形中的命名位置。
- "路径"文本框：显示与超链接关联的文件路径。
- "使用超链接的相对路径"复选框：用于为超级链接设置相对路径。
- "将DWG超链接转换为DWF"复选框：用于转换文件的格式。

2. 链接电子邮件地址

执行"插入>数据>超链接"命令，在绘图区中选中要链接的图形对象，按回车键后在"插入超链接"对话框中，单击左侧"电子邮件地址"选项，如图9-27所示。其后在"电子邮件地址"文本框中输入邮件地址，并在"主题"文本框中输入邮件消息主题内容，单击"确定"按钮即可，如图9-28所示。

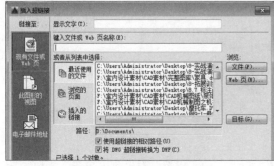

图9-27 "插入超链接"对话框

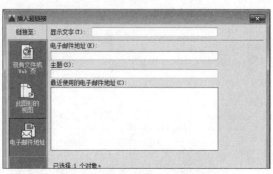

图9-28 "电子邮件地址"选项面板

在打开电子邮件超链接时，默认电子邮件应用程序将创建新的电子邮件消息。在此填好邮件地址和主题，最后输入消息内容并通过电子邮件发送。

9.5.3 电子传递设置

用户在发布图纸时，经常会忘记发送字体、外部参照等相关描述文件，使得接收时打不开收到的文档，从而造成无效传输。使用电子传递功能，可自动生成包含设计文档及其相关描述文件的数据包，然后将数据包粘贴到E-mail的附件中进行发送。这样就大大简化了发送操作，并且保证了发送的有效性。

执行"应用程序菜单>发布"命令，在子菜单中选择"电子传递"命令，打开"创建传递"对话框，在"文件树"和"文件表"选项卡中设置相应的参数即可，如图9-29、9-30所示。

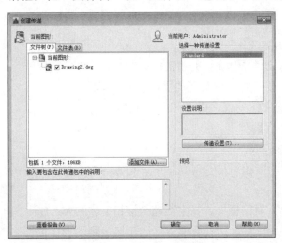

图9-29 "文件树"选项卡

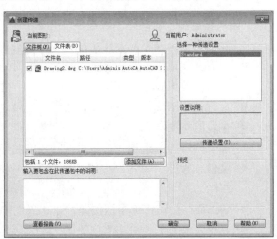

图9-30 "文件表"选项卡

在"文件树"或"文件表"选项卡中，单击"添加文件"按钮，如图9-31所示，将会打开"添加要传递的文件"对话框，如图9-32所示，选择要包含的文件，单击"打开"按钮，返回到上一层对话框。

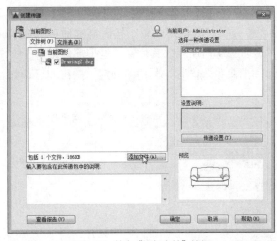

图9-31 单击"添加文件"按钮

图9-32 选择所需文件

在"创建传递"对话框中单击"传递设置"按钮，打开"传递设置"对话框，单击"修改"按钮，打开"修改传递设置"对话框，如图9-33、9-34所示。

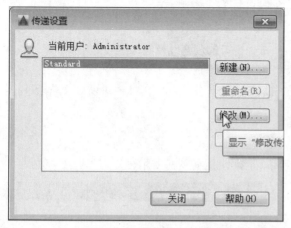

图9-33　"传递设置"对话框

图9-34　"修改传递设置"对话框

在"修改传递设置"对话框中，单击"传递包类型"下拉按钮，选择"文件夹（文件集）"选项，指定要使用的其他传递选项，如图9-35所示。在"传递文件夹"选项组中，单击"浏览"按钮，指定要在其中创建传递包的文件夹，如图9-36所示。接着单击"打开"、"确定"按钮返回上一层对话框，依次单击"关闭"、"确定"按钮，完成在指定文件夹中创建传递包操作。

图9-35　选择传递包类型

图9-36　选择创建传递包文件夹

9.5.4 发布图纸到Web

在AutoCAD 2016中，用户可运用"网上发布"命令将绘制好的图纸发布到Web页，以供他人浏览。

执行"文件>网上发布"命令，打开"网上发布"向导对话框，如图9-37所示。用户可以根据该向导创建一个Web页，用以显示图形文件中的图形。

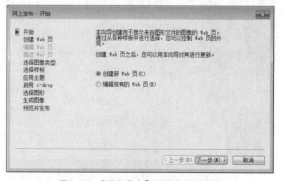

图9-37　"网上发布"设置向导对话框

 上机实践：打印小别墅建筑图形

- **实践目的：**帮助用户掌握布局空间的应用、布局视口的创建以及打印参数的设置。
- **实践内容：**应用本章所学的知识将别墅模型图形打印为三视图。
- **实践步骤：**首先打开所需的图形文件，在布局模式中为其添加样板并创建视口，最后进行打印，具体操作介绍如下。

步骤01 打开素材文件，如图9-38所示。

步骤02 在状态栏单击"布局"标签按钮，切换到布局空间，如图9-39所示。

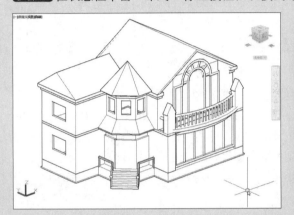

图9-38 打开素材文件

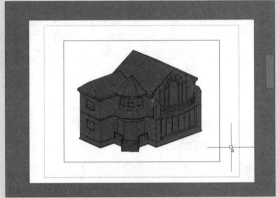

图9-39 布局空间

步骤03 在"布局"标签上右击，在弹出的快捷菜单中选择"从样板"命令，如图9-40所示。

步骤04 弹出"从文件选择样板"对话框，选择合适的样板文件，单击"打开"按钮，如图9-41所示。

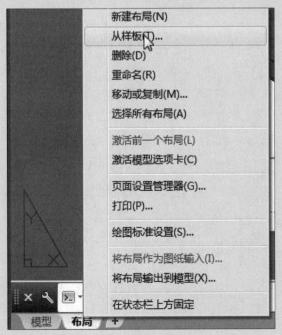

图9-40 "从样板"命令

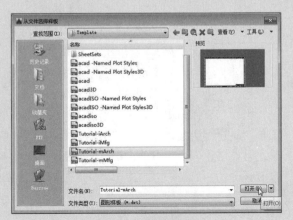

图9-41 选择样板文件

步骤05 打开"插入布局"对话框，选择布局名称，单击"确定"按钮，如图9-42所示。

步骤06 此时在"布局"标签后会自动创建一个新的标签，单击进入该布局，可以看到图纸显示的很小，如图9-43所示。

图9-42 "插入布局"对话框

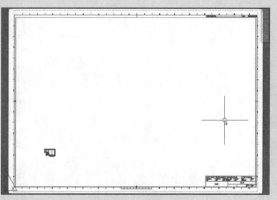

图9-43 创建新布局

步骤07 删除最内侧的视口框，则图形不见了，如图9-44所示。

步骤08 执行"视图>视口>三个视口"命令，拖动鼠标创建三个水平布置的新视口，如图9-45所示。

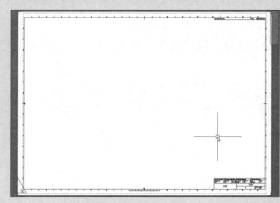

图9-44 删除视口框

图9-45 创建视口

步骤09 继续在右侧创建一个视口，如图9-46所示。

步骤10 在视口内的空白处双击，即可激活视口，分别设置四个视口的视图样式，在视口外双击退出激活状态，如图9-47所示。

图9-46 继续创建视口

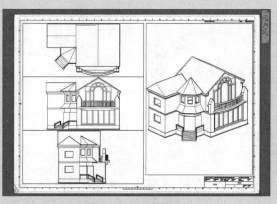

图9-47 设置视图样式

步骤11 执行"文件>打印"命令,打开"打印"对话框,指定打印机名称为"DWF6 eplot.pc3",设置图纸尺寸,勾选"居中打印"和"布满图纸"复选框,再设置图形方向为纵向,如图9-48所示。

步骤12 单击"预览"按钮,进入预览状态,观察预览效果,如图9-49所示。

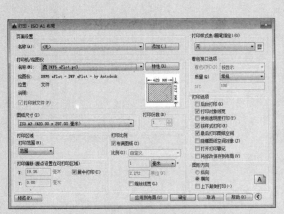

图9-48 设置打印参数

图9-49 预览打印效果

步骤13 单击鼠标右键,在弹出的快捷菜单中单击"打印"命令,如图9-50所示。

步骤14 系统会弹出"浏览打印文件"对话框,从中设置文件名以及路径,单击"保存"按钮即可完成图形的打印,如图9-51所示。

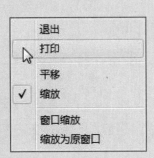

图9-50 选择"打印"命令

图9-51 "浏览打印文件"对话框

 课后练习

本章主要介绍了图纸的打印与发布，下面通过一些与建筑图形输出有关的练习，来巩固所学的知识。

1. 填空题

（1）在AutoCAD 2016中有两个工作空间，即模型空间和布局空间。在_____中绘制图形时，可以绘制图形的主体模型。

（2）在布局空间创建的视口为_____，其形状可以是矩形、任意多边形或圆等，相互之间可以重叠，并能同时打印，而且可以调整视口边界形状。

（3）打印样式表有两种类型，一种是颜色相关打印样式表，另一种是_____。

2. 选择题

（1）下面不属于AutoCAD工作空间的是（　　　）。

    A、模型空间　　　　　　B、模拟空间　　　　　　C、图纸空间　　　　　　D、布局空间

（2）以下说法不正确的是（　　　）。

    A、图纸空间称为布局空间

    B、图纸空间完全模拟图纸页面

    C、图纸空间用来在绘图之前或之后安排图形的位置

    D、图纸空间与模型空间相同

（3）下面关于平铺视口与浮动视口说法不正确的是（　　　）。

    A、平铺视口是在模型空间中创建的视口　　　　B、浮动视口是在布局空间中创建的视口

    C、平铺视口可以很方便地调整视口边界　　　　D、浮动视口可以很方便地调整视口边界

（4）与颜色相关的打印样式表被保存在以（　　　）为扩展名的文件中。

    A、.ctb　　　　　　　　B、.stb　　　　　　　　C、.dwg　　　　　　　　D、.dwt

3. 操作题

（1）打印如图9-52所示的旅馆建筑图形。设置视图布局，并利用视口工具创建四个视口，最后对图纸进行打印。

（2）将如图9-53所示的酒店立面图输出为PDF文件。输出之前进行页面设置，再为图纸指定输出路径和名称，用专业的PDF软件打开。

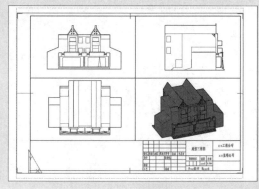

图9-52　旅馆建筑图形

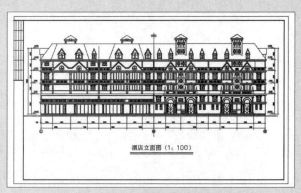

图9-53　酒店立面图

Part 2
综合案例篇

Chapter

10

绘制建筑平面图

◇ 课题概述

建筑平面图是建筑施工图的基本图样，是建筑物的水平剖面图，用以表示建筑物、构筑物、设施、设备等的相对平面位置。从平面图中可以看到建筑平面大小、形状、空间平面布局、内外交通及联系、建筑构配件大小及材料等内容。

◇ 教学目标

本章主要介绍建筑平面图的基本内容，并通过实例来讲解如何利用AutoCAD 2016绘制完整的建筑平面图。

◇ 章节重点

★★★★　　建筑一层平面图的绘制
★★★★　　建筑二层平面图的绘制
★★★　　　屋顶平面图的绘制
★★★　　　建筑平面图的相关知识

◇ 光盘路径

操作案例：实例文件\第10章

10.1 建筑平面图绘制概述

在绘制建筑平面图之前，用户首先必须熟悉建筑平面图的基础知识，才能准确地绘制出建筑平面图。本节主要介绍建筑平面图的概念、类型和绘制步骤等内容。

10.1.1 建筑平面图内容

建筑平面图实际上是建筑物的水平剖面图（除屋顶平面图外，屋顶平面图应在屋面以上俯视），是用假想的水平剖切平面在窗台以上、窗过梁以下把整栋建筑物剖开，然后移去上面部分，将剩余部分向水平投影面做投影得到的正投影图。在平面图中，主要图形包括剖切到墙、柱、门窗、楼梯以及看到的地面、台阶、楼梯等剖切面以下的构件轮廓。因此，从平面图中，可以看到建筑平面的大小、形状、空间平面布局、内外交通及联系、建筑构配件大小及材料等内容。

建筑平面图是施工图中应用较广的图样，是放样、砌墙和安装门窗的重要依据。为了清晰准确地表达这些内容，除了按制图知识和规范绘制建筑构配件平面图形外，还需要标注尺寸、文字说明并设置图面比例等。

10.1.2 建筑平面图类型

根据剖切位置的不同，建筑平面图可分为如下几类。

（1）底层平面图：底层平面图又称为首层平面图或一层平面图。底层平面图的形成，是将剖切平面剖切位置放在建筑物的一层地面与从一楼通向二楼的休息平台（即一楼到二楼的第一个梯段）之间，尽量通过该层所有的门窗洞，剖切之后投影得到的。

（2）标准层平面图：对于多层建筑，如果建筑内部平面布置每层都具有差异，则应该每一层都绘制一个平面图，平面图的名称可以本身的楼层数命名。但是在实际的建筑设计过程中，多层建筑往往存在相同或相近平面布置形式的楼层，因此在绘制建筑平面图时，可将相同或相近的楼层共用一幅平面图表示，这个平面图称为标准层平面图。

（3）顶层平面图：顶层平面图是位于建筑物最上面一层的平面图，具有与其他层相同的功用，也可以用相应的楼层数来命名。

（4）屋顶平面图：屋顶平面图是指从屋顶上方向下所做的俯视图，主要用来描述屋顶的平面布置。

（5）地下室平面图：地下室平面图用于描述地下室的建筑物以及平面布置情况。

10.1.3 建筑平面图绘制内容及规范

建筑平面图虽然类型和剖切位置都有所不同，但绘制的具体内容和规范基本相同，主要包括以下几个方面。

（1）建筑物平面的形状、总长、总宽等尺寸。

（2）建筑平面房间组合和各房间的开间、进深等尺寸。

（3）墙、柱、门窗的尺寸、位置、材料及开启方向。

（4）走廊、楼梯、电梯等交通联系部分的位置、尺寸和方向。

（5）阳台、雨棚、台阶、散水和雨水管等附属设施的位置、尺寸和材料等。

（6）未剖切到的门窗洞口等（一般用虚线表示）。

（7）楼层、楼梯的标高、定位轴线的尺寸和细部尺寸等。

（8）屋顶的形状、坡面形式、屋面做法、排水坡度、雨水口位置、电梯间、水箱间等的构造和尺寸等。

（9）建筑说明、具体做法、详图索引、图名、绘图比例等详细信息。

10.1.4 建筑平面图绘制的一般步骤

建筑平面图虽然类型和剖切位置都有所不同，但绘制的具体内容和规范基本相同。在绘制建筑平面图时，一般按照建筑设计尺寸绘制，绘制完成后依据具体图纸篇幅套入相应图框打印完成。一幅图上主要比例应一致，比例不同的应根据出图时所用比例表示清楚。绘制建筑平面图的一般步骤如下。

（1）设置绘图环境：根据所绘制建筑长度尺寸相应调整绘图区域、精度、角度单位和建立相应的图层。根据建筑平面图表示内容的不同，一般需要建立轴线、墙体、柱子、门窗、楼梯、阳台、标注和其他等8个图层。

（2）绘制定位轴线：在"轴线"图上用点划线将轴线绘制出来，形成轴线网。

（3）绘制各种建筑构配件，包括墙体、柱子、门窗、阳台、楼梯等。

（4）绘制建筑细部内容和布置室内家具。

（5）绘制室外周边环境（底层平面图）。

（6）标注尺寸、标高符号、索引符号和相关文字注释。

（7）添加图框、图名和比例等内容，调整图幅比例和各部分位置。

（8）打印输出。

10.2 绘制别墅一层平面图

本小节首先来绘制别墅的定位轴线，接着在已有轴线的基础上绘制出别墅的墙体轮廓线，然后借助已有图库或图形模型绘制别墅的窗户和室内家具等图形，最后进行尺寸和文字标注。

10.2.1 绘制建筑墙体

建筑平面图中，墙体反应出建筑的平面形状、大小和房间的布置、墙的位置和厚度等，门窗都必须依附于墙体而存在，墙体的绘制采用两根粗实线表示。具体操作步骤介绍如下：

步骤01 启动AutoCAD 2016应用程序，新建一个文件，执行"格式>单位"命令，打开"图形单位"对话框，设置图形精度及单位，如图10-1所示。

步骤02 在键盘上按Ctrl+S组合键，打开"图形另存为"对话框，设置文件名及文件保存路径，保存图形文件，如图10-2所示。

图10-1 设置图形单位

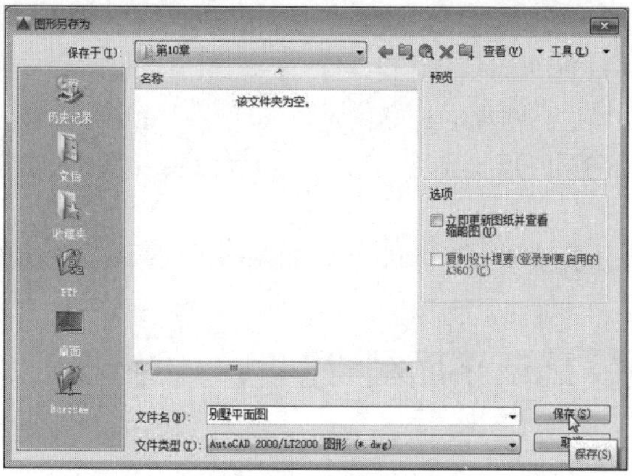

图10-2 保存文件

步骤03 在"默认"选项卡的"图层"选项组中打开"图层特性管理器"面板，依次创建平面图中的基本图层，如轴线、墙体、门窗、标注等，设置图层颜色、线型等参数，如图10-3所示。

步骤04 执行"绘图>直线"命令和"修改>偏移"命令，绘制直线并进行偏移操作，绘制出轴线，如图10-4所示。

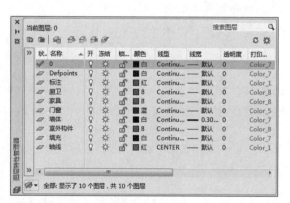

图10-3 创建图层

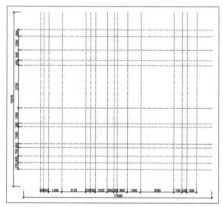

图10-4 绘制轴线

步骤05 执行"绘图>多线"命令，根据命令行提示设置对正为无、比例为240，捕捉绘制如图10-5所示的墙体。

步骤06 双击多线，打开"多线编辑工具"对话框，选择"T形合并"工具，如图10-6所示。

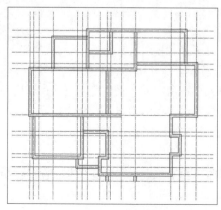

图10-5 绘制墙体

图10-6 "多线编辑工具"对话框

步骤07 在绘图区编辑多线，效果如图10-7所示。

步骤08 在"图层特性管理器"面板中关闭"轴线"图层，如图10-8所示。

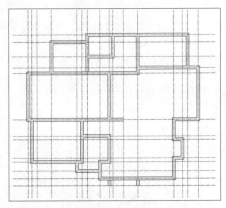

图10-7 编辑多线

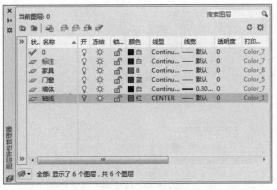

图10-8 关闭图层

步骤09 隐藏后效果如图10-9所示。

步骤10 执行"绘图>直线"命令和"修改>偏移"命令，绘制出门洞和窗洞位置，偏移尺寸如图10-10所示。

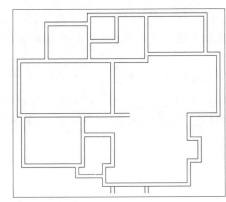

图10-9 隐藏轴线效果

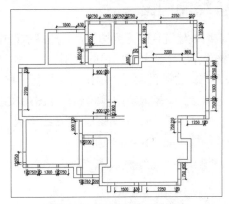

图10-10 绘制门洞和窗洞位置

步骤11 执行"修改>修剪"命令，修剪图形，并对部分多线进行分解，再执行"修剪"操作，绘制出门洞窗洞，如图10-11所示。

步骤12 执行"绘图>直线"命令，绘制管道辅助线以及如图10-12所示的120mm厚的墙体。

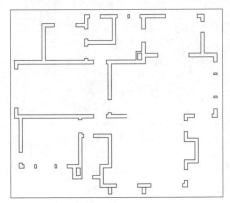

图10-11 修剪图形

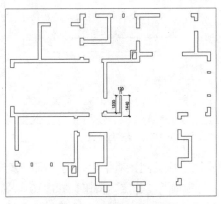

图10-12 绘制辅助线及墙体

步骤13 在"图层特性管理器"面板中打开"轴线"图层，如图10-13所示。

步骤14 执行"绘图>矩形"命令，绘制300mm×300mm的矩形作为柱子，移动到合适的位置，再关闭"轴线"图层，如图10-14所示。

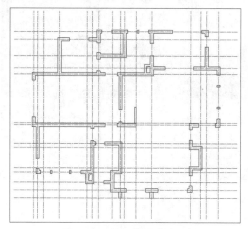
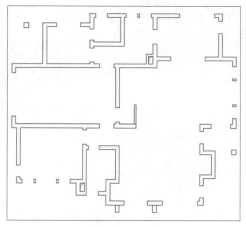

图10-13 打开"轴线"图层   图10-14 绘制柱子

10.2.2 绘制门窗

门窗是组成建筑物的重要构件，是建筑制图中仅次于墙体的重要对象，在建筑立面中起着建筑围护及装饰作用。下面介绍门窗的绘制。

步骤01 设置"门窗"图层为当前图层，执行"格式>多线样式"命令，打开"多线样式"对话框，单击"新建"按钮，输入新的样式名，如图10-15所示。

步骤02 单击"继续"按钮打开"新建多线样式"对话框，勾选"起点"和"端点"复选框，设置图元"偏移"量，如图10-16所示。

图10-15 新建多线样式   图10-16 设置多线样式

步骤03 设置完毕后关闭该对话框，返回到"多线样式"对话框，在预览区可以看到多线样式，依次单击"置为当前"、"确定"按钮，如图10-17所示。

步骤04 执行"绘图>多线"命令，设置多线比例为1，绘制窗户图形，如图10-18所示。

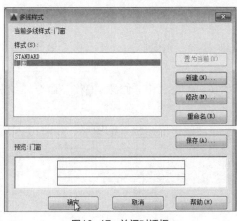

图10-17 关闭对话框

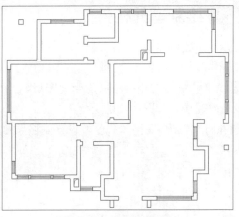

图10-18 绘制窗户图形

步骤05 将左侧的窗户图形分解，删除两条线，作为卷帘门图形，如图10-19所示。

步骤06 执行"绘图>圆"命令，捕捉墙洞绘制半径为900mm的圆，再执行"绘图>矩形"命令，绘制900mm*40mm的矩形，放置到门洞一侧位置，如图10-20所示。

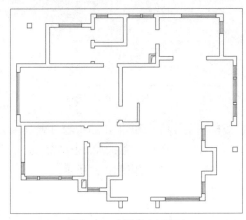

图10-19 制作卷帘门图形

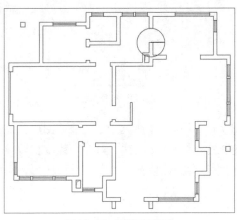

图10-20 绘制圆和矩形

步骤07 执行"修改>修剪"命令，修剪出平开门图形，如图10-21所示。

步骤08 照此操作方法绘制其他位置的平开门图形，再利用"矩形"命令绘制推拉门，完成门窗图形的绘制，如图10-22所示。

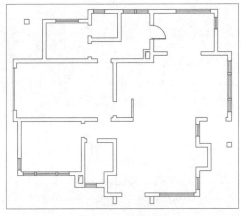

图10-21 修剪图形

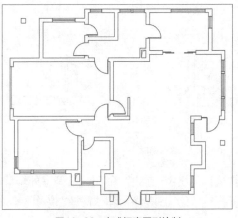

图10-22 完成门窗图形绘制

10.2.3 绘制室外构件

完成建筑物的轮廓及内部结构后，就可以开始绘制楼梯、台阶、室外平台以及散水等室外建筑构件，操作步骤介绍如下。

步骤01 设置"室外构件"图层为当前图层，执行"绘图>直线"和"修改>偏移"命令，绘制室内楼梯及台阶轮廓，如图10-23所示。

步骤02 执行"修改>偏移"命令，设置偏移尺寸为50mm，偏移楼梯位置的图形，如图10-24所示。

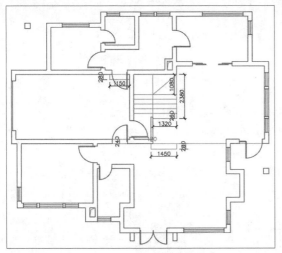

图10-23 绘制台阶和楼梯图形

图10-24 偏移图形

步骤03 执行"修改>修剪"命令，修剪图形，绘制出楼梯扶手轮廓，如图10-25所示。

步骤04 执行"绘图>多段线"命令，绘制打短线，旋转并移动到楼梯位置，如图10-26所示。

步骤05 执行"修改>修剪"命令，修剪图形，完成楼梯图形的绘制，如图10-27所示。

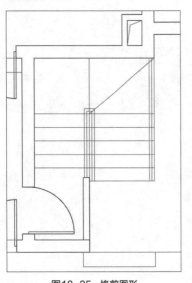
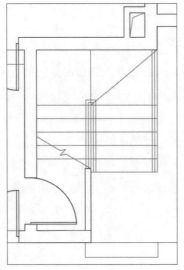
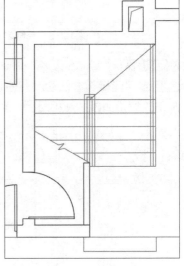

图10-25 修剪图形　　　　　　图10-26 绘制打短线　　　　　　图10-27 修剪图形

步骤06 执行"绘图>直线"命令，绘制室外矮墙轮廓以及车库坡道，如图10-28所示。

步骤07 执行"绘图>直线"和"修改>偏移"命令，绘制室外台阶图形，如图10-29所示。

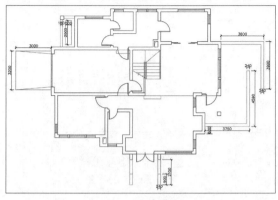

图10-28 绘制矮墙和坡道

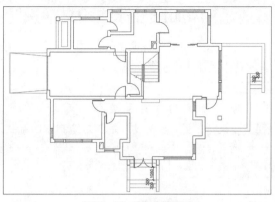

图10-29 绘制台阶图形

步骤08 执行"绘图>多段线"命令，捕捉墙体绘制外墙轮廓，再执行"修改>偏移"命令，将多段线向外偏移600mm，如图10-30所示。

步骤09 执行"修改>修剪"命令，修剪被覆盖区域的多段线，如图10-31所示。

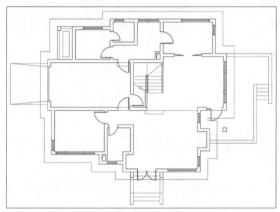

图10-30 绘制并偏移多段线

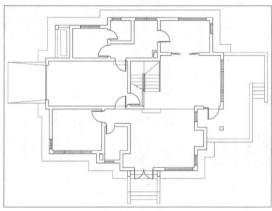

图10-31 修剪多段线

步骤10 执行"绘图>直线"命令，捕捉绘制直线，绘制出建筑散水图形，如图10-32所示。

步骤11 为平面图中添加洗手台、坐便器、洗菜盆、汽车等图块，并放置到合适的位置，如图10-33所示。

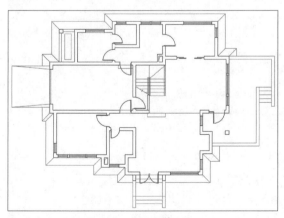

图10-32 绘制出散水图形

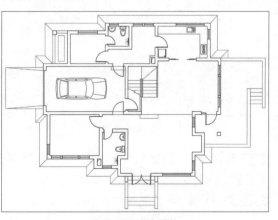

图10-33 添加图块

10.2.4 添加尺寸标注和文字说明

尺寸标注和文字说明是图纸中不可缺少的部分，是建筑施工的依据，更能体现建筑的各个细节。具体操作步骤介绍如下。

步骤01 设置"标注"图层为当前图层，执行"单行文字"命令，创建文字，添加文字标注，以区分功能区，如图10-34所示。

步骤02 执行"绘图>直线"命令，绘制方向箭头，如图10-35所示。

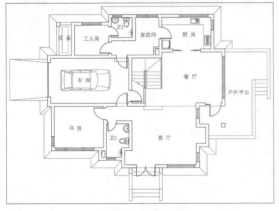

图10-34　添加文字

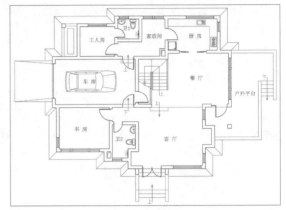

图10-35　绘制方向箭头

步骤03 执行"格式>标注样式"命令，打开"标注样式管理器"对话框，单击"新建"按钮，新建标注样式，命名为"建筑标注"，如图10-36所示。

步骤04 单击"继续"按钮，打开"新建标注样式"对话框，切换到"主单位"选项卡，设置"精度"值为0，如图10-37所示。

图10-36　新建文字样式

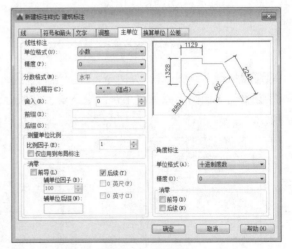

图10-37　设置精度

步骤05 切换到"调整"选项卡，选择"文字始终保持在尺寸界线之间"单选按钮，并勾选"若箭头不能放在尺寸界线内，则将其消除"复选框，如图10-38所示。

步骤06 切换到"文字"选项卡，设置文字高度为200，文字从尺寸线偏移50，如图10-39所示。

图10-38 设置调整参数

图10-39 设置文字参数

步骤07 切换到"符号和箭头"选项卡，设置箭头类型为"建筑标记"，箭头大小为120，如图10-40所示。

步骤08 切换到"线"选项卡，设置超出尺寸线为120，起点偏移量为150，如图10-41所示。

图10-40 设置符号和箭头

图10-41 设置线

步骤09 设置完毕单击"确定"按钮，返回到"标注样式管理器"对话框，依次单击"置为当前"、"关闭"按钮，如图10-42所示。

步骤10 打开"轴线"图层，执行"标注>线性"和"标注>连续"命令，为平面图添加尺寸标注并调整位置，如图10-43所示。

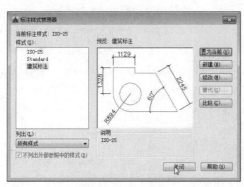

图10-42 关闭对话框

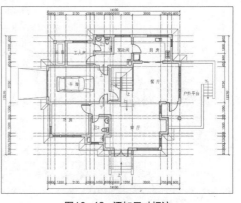

图10-43 添加尺寸标注

步骤11 执行"绘图>直线"和"绘图>圆"命令，绘制1400mm的直线和直径为520mm的圆，并进行复制，如图10-44所示。

步骤12 在"插入"选项卡的"块定义"选项组中单击"定义属性"按钮，打开"属性定义"对话框，输入属性标记内容和默认内容，设置文字高度，如图10-45所示。

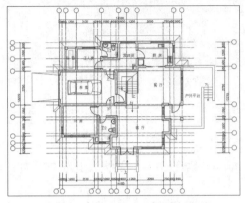

图10-44 绘制圆和直线并复制　　　　　　　　图10-45 "属性定义"对话框

步骤13 单击"确定"按钮，将其指定到绘图区的一个圆中，即可创建一个属性块，如图10-46所示。

步骤14 复制属性块，如图10-47所示。

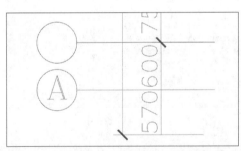

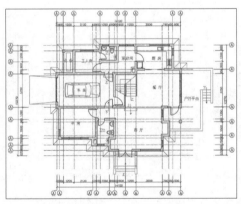

图10-46 插入属性块　　　　　　　　　　图10-47 复制属性块

步骤15 双击属性块，打开"编辑属性定义"对话框，修改标记内容，如图10-48所示。

步骤16 照此方法修改其他属性块的标记内容，如图10-49所示。

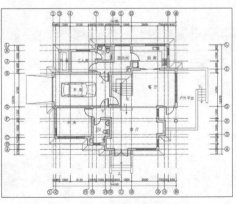

图10-48 编辑属性标记　　　　　　　　　　图10-49 修改其他属性标记

步骤17 执行"修改>修剪"命令,修剪轴线,再调整尺寸标注,如图10-50所示。

步骤18 为平面图添加标高符号,并修改标高尺寸,如图10-51所示。

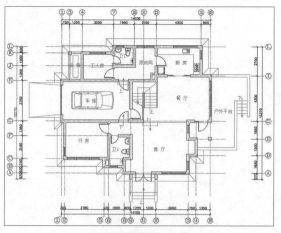

图10-50 调整轴线和尺寸

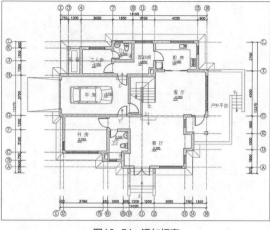

图10-51 添加标高

步骤19 最后为平面图添加图示和图框,完成别墅一层平面图的绘制,如图10-52所示。

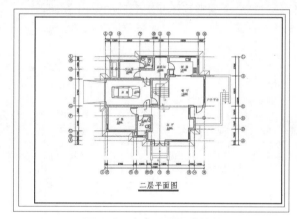

图10-52 完成一层平面图绘制

10.3 绘制别墅二层平面图

AutoCAD的默认设置往往并不完全符合建筑制图行业的绘图习惯,因此,要绘制出规范的建筑工程图样,绘图之前的绘图环境设置是非常必要的,如图形界限的设置和辅助功能设置。

10.3.1 绘制二层屋檐散水及平台

本案例中的别墅二层墙体是在一层的基础上进行变动的,需要复制一层平面布置图并进行修改编辑,操作步骤介绍如下。

步骤01 复制别墅一层平面图,删除多余的图形,如图10-53所示。

步骤02 关闭"标注"、"轴线"图层，设置"室外构件"图层为当前层，执行"绘图>多段线"命令，捕捉外墙墙体绘制两条多段线，再执行"修改>偏移"命令，将多段线依次向外偏移550mm、100mm，如图10-54所示。

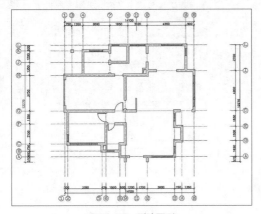

图10-53　删除图形

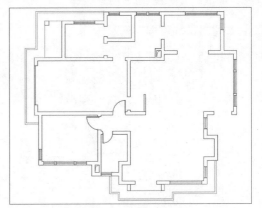

图10-54　绘制并偏移多段线

步骤03 利用"偏移"、"镜像"、"修剪"等命令调整楼梯图形，如图10-55所示。

步骤04 利用"延伸"、"修剪"等命令调整墙体及门洞，如图10-56所示。

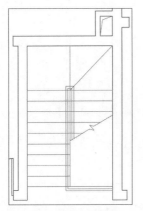

图10-55　调整楼梯图形

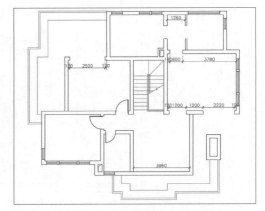

图10-56　调整墙体及门洞尺寸

步骤05 执行"绘图>多段线"命令，绘制如图10-57所示尺寸的多段线，并向内偏移180mm。

步骤06 执行"修改>修剪"命令，修剪被覆盖的图形，如图10-58所示。

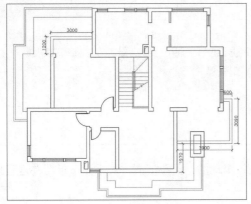

图10-57　绘制平台轮廓

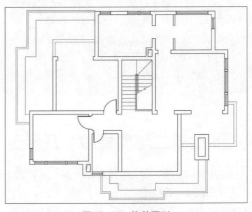

图10-58　修剪图形

步骤07 利用"偏移"和"修剪"命令改动一角的墙体，如图10-59所示。

步骤08 执行"绘图>直线"命令，绘制散水屋脊线，如图10-60所示。

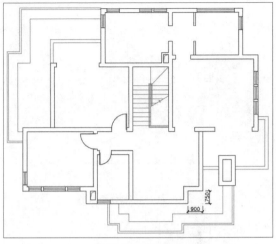

图10-59 改动墙体

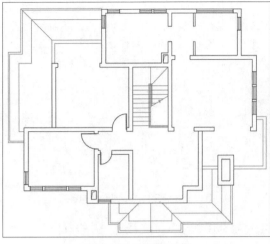

图10-60 绘制散水屋脊

10.3.2 绘制门窗及标注

二层的墙体和门窗位置变化较大，本小节主要介绍窗户尺寸的调整以及门图形的创建，操作步骤介绍如下。

步骤01 利用"延伸"、"复制"命令调整窗户尺寸和个数，如图10-61所示。

步骤02 利用"复制"、"缩放"等命令绘制门图形，如图10-62所示。

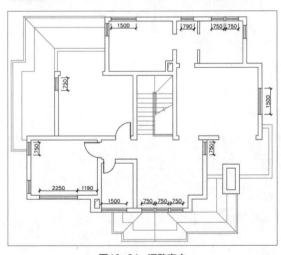

图10-61 调整窗户

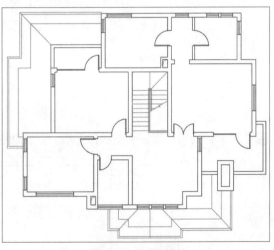

图10-62 绘制门图形

步骤03 执行"绘图>直线"命令，绘制方向箭头，再添加文字注释，如图10-63所示。

步骤04 打开"轴线"图层，删除多余的轴线和标注，再复制并调整标注和编号内容，如图10-64所示。

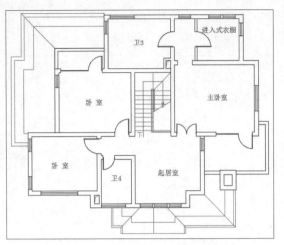

图10-63　修改文字标注和方向箭头

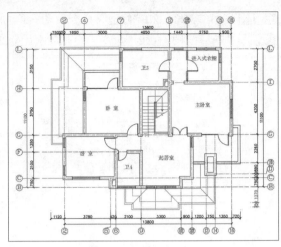

图10-64　修改轴线和标注

步骤05 为图纸添加标高符号，并修改标高尺寸，如图10-65所示。

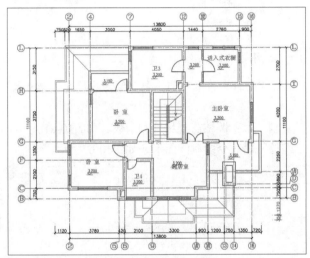

图10-65　添加标高符号

步骤06 最后为平面图添加图示和图框，完成别墅二层平面图的绘制，如图10-66所示。

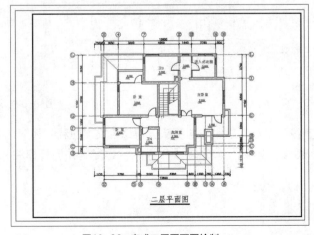

图10-66　完成二层平面图绘制

10.4 绘制屋顶平面图

本案例中的屋顶设计为复合式坡顶，由几个不同大小、不同朝向的坡屋顶组合而成。在绘制过程中，应认真分析它们之间的结合关系，并将这种关系准确地表现出来。

别墅屋顶平面图的主要绘制思路：首先根据已有二层平面图绘制出外墙轮廓线，接着偏移外墙轮廓线得到屋顶檐线，并对屋顶的组成关系进行分析，确定屋脊线条。

步骤01 复制别墅二层平面图，关闭"标注"和"轴线"图层，删除多余图形，如图10-67所示。

步骤02 设置"室外构件"图层为当前层，设置图形颜色为洋红色，执行"绘图>多段线"命令，捕捉绘制墙体外框，再执行"修改>偏移"命令，将多段线依次向外偏移550mm、100mm，如图10-68所示。

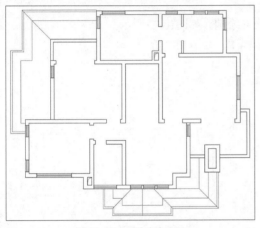

图10-67 删除多余图形

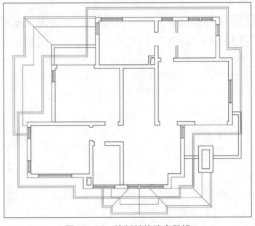

图10-68 绘制并偏移多段线

步骤03 删除多段线内部图形，如图10-69所示。

步骤04 执行"修改>修剪"命令，修剪图形，如图10-70所示。

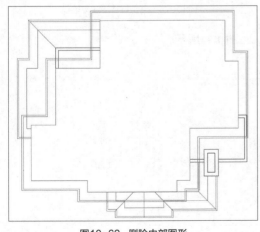

图10-69 删除内部图形

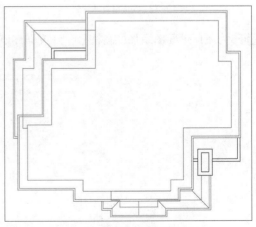

图10-70 修剪图形

步骤05 调整图形的颜色和线型，如图10-71所示。

步骤06 执行"绘图>直线"命令，绘制屋脊线，如图10-72所示。

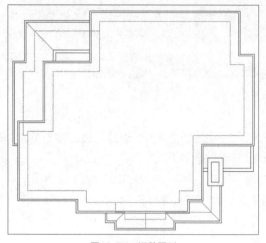

图10-71　调整图形　　　　　　　　　　　图10-72　绘制屋脊线

步骤07 利用"延伸"和"直线"等命令完成屋脊线的绘制，如图10-73所示。

步骤08 打开"标注"和"轴线"图层，调整轴线和标注，如图10-74所示。

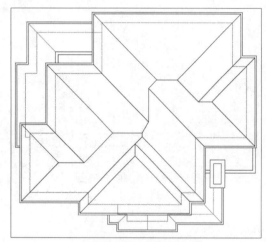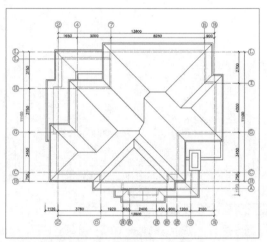

图10-73　完成屋脊线绘制　　　　　　　　图10-74　调整尺寸标注与轴线

步骤09 为屋顶平面图添加标高符号，修改标高值，如图10-75所示。

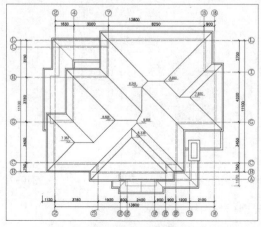

图10-75　添加标高

步骤10 绘制坡度方向符号，表示屋顶坡度方向，如图10-76所示。

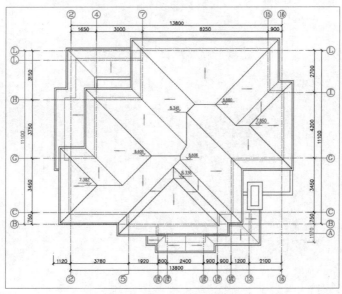

图10-76 添加坡度方向符号

步骤11 最后为平面图添加图示以及图框，完成屋顶平面图的绘制，如图10-77所示。

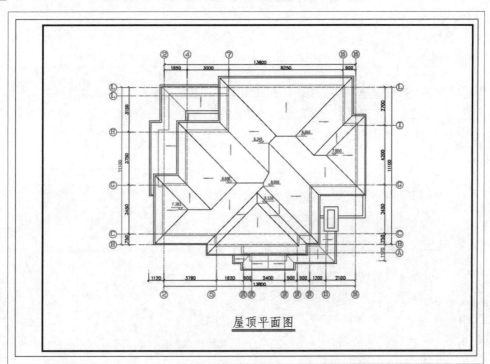

图10-77 完成屋顶平面图绘制

Chapter 11

绘制建筑立面图

课题概述

建筑立面图是用于表示房屋外部形状和内容的图纸。建筑立面图为建筑外垂直面正投影可视部分，建筑各方向的立面应该绘制完全，但差异小、能够轻易推定的立面可省略。

教学目标

本章将以教学楼立面图的绘制为例，介绍建筑立面图的绘制流程，使读者能够更加深入地了解建筑制图的绘制方法及步骤。

章节重点

★★★★　建筑立面轮廓的绘制
★★★　　门窗及台阶等图形的绘制
★★★　　添加标注与标高
★★★　　图案填充和图块的插入
★★　　　绘制建筑立面图的相关知识

光盘路径

操作案例：实例文件\第11章

11.1 建筑立面图绘制概述

本节简要归纳建筑立面图的概念、图示内容、命名方式以及一般绘制步骤，为实例中教学楼立面图绘制的操作做准备。

11.1.1 建筑立面图的绘制要求

在与建筑立面平行的铅直投影面上所做的正投影图称为建筑立面图，简称立面图。立面图主要反映房屋各部位的高度、外貌和装修要求，是建筑外装修的主要依据。

1. 基本内容

（1）建筑立面图主要表明建筑物外立面的形状。

（2）门窗在外立面上的分布、外形、开启方向。

（3）屋顶、阳台、台阶、雨棚、窗户、线脚、雨水管的外形和位置。

（4）外墙面装修做法。

（5）室内外地坪、窗台窗顶、阳台面、雨棚底、檐口等各部位的相对标高及详图索引符号等。

2. 规格和要求

（1）定位轴线

一般只标出两端的轴线及编号，其编号应与平面图一致。

（2）图线

①立面图的外形轮廓用粗实线表示。

②室外地平线用1.4倍的加粗实线（线宽为粗实线的1.4倍左右）表示。

③门窗洞口、檐口、阳台、雨棚、台阶等用中实线表示。

④墙面分割线、门窗格子、雨水管以及引出线等均用细实线表示。

（3）图例

在立面图上，门窗应按标准规定的图例画出。

（4）尺寸注法

在立面图上，高度尺寸主要用标高表示。

（5）外墙装修做法

外墙面根据设计要求可选用不同的材料及做法，在图面上，多选用带有指引线的文字说明。

11.1.2 建筑立面图的命名方式

建筑立面图命名的目的在于能够一目了然地识别其立面的位置，各种命名方式都是围绕"明确位置"这一主题来实施。至于采取哪种方式，则视具体情况而定。

1. 以相对主入口的位置特征命名

以相对主入口的位置特征命名的建筑立面图称为正立面图、背立面图、侧立面图。这种方式一般适用于建筑平面图方正、简单、入口位置明确的情况。

2. 以相对地理方位的特征命名

以相对地理方位的特征命名，建筑立面图常称为南立面图、北立面图、东立面图、西立面图。这种方式一般适用于建筑平面图规整、简单，而且朝向相对正南正北偏转不大的情况。

3. 以轴线编号来命名

以轴线编号来命名是指用立面起止定位轴线来命名，比如①-⑧立面图、⑥—④立面图等。这种方式命名准确，便于查对，特别适用于平面较复杂的情况。

根据国家标准GB/T50104，有定位轴线的建筑物，宜根据两端定位轴线号编注立面图名称。无定位轴线的建筑物可按平面图各面的朝向确定名称。

11.1.3 建筑立面图绘制的一般步骤

从总体上来说，立画图是在平面图的基础上，引出定位辅助线确定立面图样的水平位置及大小。然后根据高度方向的设计尺寸确定立面图样的竖向位置及尺寸，从而绘制出一个个图样。通常，立面图绘制的步骤如下。

（1）绘图环境设置。

（2）确定定位辅助线：包括墙、柱定位轴线、楼层水平定位辅助线及其他立面图样的辅助线。

（3）立面图样绘制：包括墙体外轮廓及内部凹凸轮廓、门窗（幕墙）、入口台阶及坡道、雨棚、窗台、窗楣、壁柱、檐口、栏杆、外露楼梯以及各种线脚等内容。

（4）配景：包括植物、车辆、人物等。

（5）尺寸、文字标注。

（6）线型、线宽设置。

对于上述绘制步骤，需要说明的是，并不是所有的辅助线绘制好后才绘制图样，一般是由总体到局部、由粗到细，一项一项地完成。如果将所有的辅助线一次全部绘制出，则会密密麻麻，难以分辨，影响工作效率。

11.2 绘制建筑立面轮廓

在开始绘制建筑立面图时，通常根据建筑内部空间组合的平剖面关系，来绘制出建筑各立面的基本轮廓。该阶段所运用到的命令有"偏移"、"直线"和"修剪"等命令。

11.2.1 绘制立面轮廓造型

首先来绘制建筑立面轮廓造型，这里将利用"直线"、"偏移"及"修剪"命令。当建筑外轮廓图形绘制完成后，即可对建筑立面进行布置，例如布置窗户的位置、大厅门的位置以及一些楼梯台阶的布置等，绘制步骤如下。

步骤01 启动AutoCAD 2016软件，单击"图层特性"命令，创建新层，并将其命名为"墙体线"，如图11-1所示。

步骤02 单击"线宽"选项，在打开的"线宽"对话框中，将当前线宽设置为0.30mm，并单击"确定"按钮，如图11-2所示。

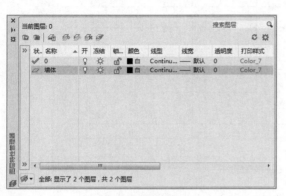

图11-1 创建图层

图11-2 设置线宽

步骤03 按照同样的操作方法，完成其他图层的创建。双击"墙体线"图层，将其设置为当前层，如图11-3所示。

步骤04 执行"绘图>直线"命令，绘制长为71720mm和25100mm的两条垂直线，如图11-4所示。

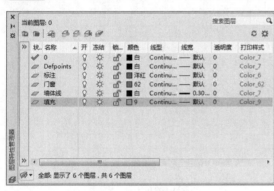

图11-3 创建其他图层

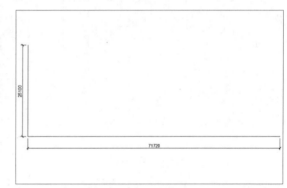

图11-4 绘制直线

步骤05 执行"修改>偏移"命令，将地平线向上依次偏移，偏移尺寸如图11-5所示。

图11-5 向上偏移直线

步骤06 执行"修改>偏移"命令,将垂直辅助线向右依次偏移,偏移尺寸如图11-6所示。

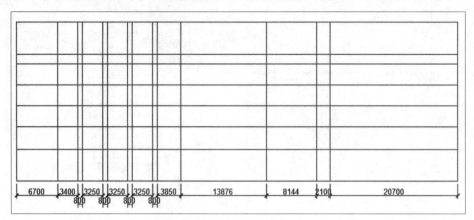

图11-6 向右偏移直线

步骤07 执行"修改>偏移"命令,将线段L向右偏移2100mm,如图11-7所示。

步骤08 继续执行"修改>偏移"命令,将线段L1向下偏移2700mm,如图11-8所示。

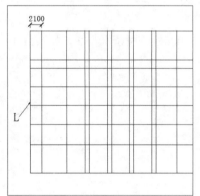

图11-7 向右偏移直线

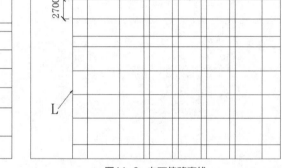

图11-8 向下偏移直线

步骤09 执行"修改>修剪"命令,将该区域中多余的线段删除,如图11-9所示。

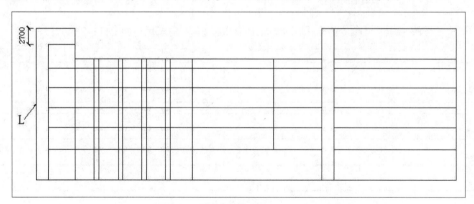

图11-9 修剪并删除图形

步骤10 执行"修改>偏移"命令,将线段L2向右偏移10650mm,将线段L3向下偏移2700mm,结果如图11-10所示。

步骤11 执行"修改>修剪"命令,对当前图形进行修剪,如图11-11所示。

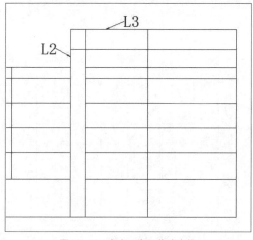

图11-10 向右、向下偏移直线

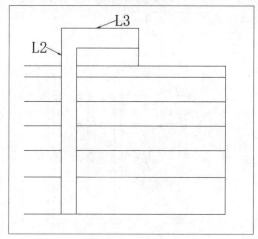

图11-11 修剪图形

步骤12 执行"修改>偏移"命令，将线段L4向上偏移4100mm，如图11-12所示。

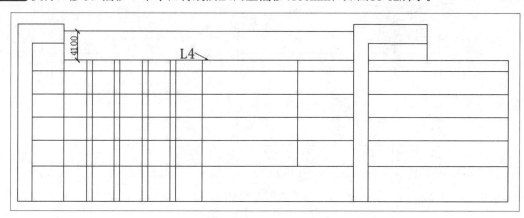

图11-12 向上偏移直线

步骤13 执行"延长"和"修剪"命令，对该图形进行编辑，如图11-13所示。

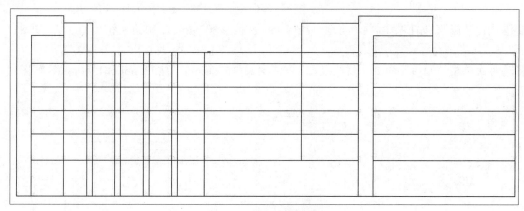

图11-13 延长及修剪图形

步骤14 执行"修改>偏移"命令，将线段L5向右依次偏移800mm和4170mm，将线段L6向下偏移700mm，将地平线向上偏移550mm，其结果如图11-14所示。

步骤15 执行"修改>修剪"命令，对该区域多余线段进行修剪，其结果如图11-15所示。

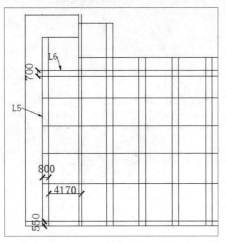

图11-14　向右、向下偏移直线　　　　　图11-15　修剪图形

步骤16 再次执行"修改>修剪"命令，对整个建筑外轮廓图形进行修剪，如图11-16所示。

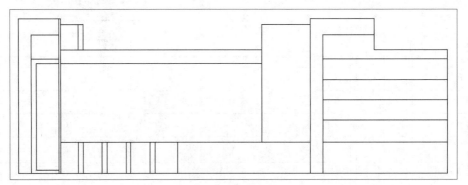

图11-16　修剪图形

11.2.2 绘制门图形及台阶图形

　　下面将运用"偏移"、"修剪"、"定数等分"等命令，来绘制教学楼大厅门立面图。

步骤01 执行"修改>偏移"命令，将地平线向上依次偏移600mm、3300mm和2000mm，如图11-17所示。

步骤02 再次单击"偏移"命令，将线段A向左依次偏移5760mm、14920mm和1340mm，如图11-18所示。

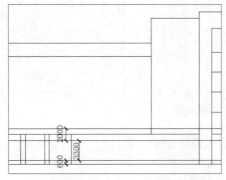

图11-17　向上偏移地平线

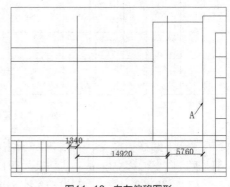

图11-18　向左偏移图形

步骤03 执行"修改>修剪"命令，将当前大厅立面图形进行修剪，如图11-19所示。

步骤04 绘制门厅遮阳棚。执行"绘图>矩形"命令，绘制一个长200mm，宽12040mm的长方形，并单击"直线"和"复制"命令，绘制出支撑杆，如图11-20所示。

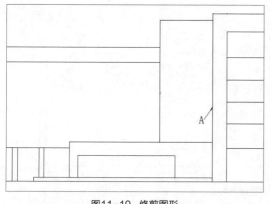

图11-19 修剪图形

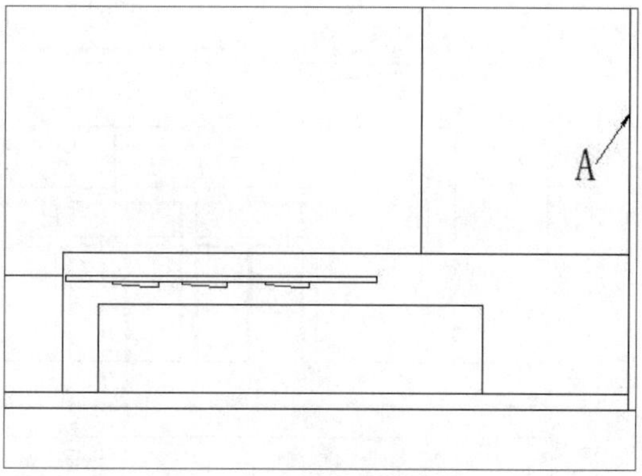

图11-20 绘制遮阳棚图形

步骤05 绘制门厅大门。执行"绘图>矩形"命令，绘制出一个长5490mm，宽2450mm的长方形，并放置门厅合适位置，如图11-21所示。

步骤06 执行"分解"命令，对该长方形进行分解，再执行"偏移"命令，将长方形上边线向下依次偏移200mm、500mm和100mm，如图11-22所示。

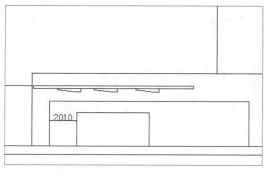

图11-21 绘制大门

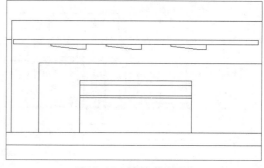

图11-22 分解与偏移图形

步骤07 继续单击"偏移"命令，将长方形左侧边线，依次向右偏移200mm、1545mm、200mm、1600mm、200mm、1545mm，如图11-23所示。

步骤08 再次执行"偏移"和"修剪"命令，将大门进行修剪，如图11-24所示。

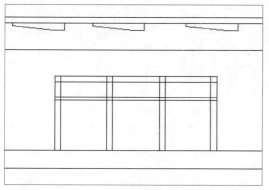

图11-23 向右偏移左侧边线

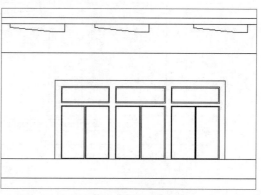

图11-24 偏移并修剪图形

步骤09 执行"定数等分"命令,按照命令行中提示的信息,等分直线,再绘制直线,绘制出大厅立面玻璃图,如图11-25所示。

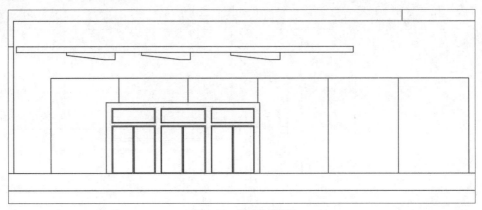

图11-25 绘制玻璃图形

步骤10 执行"偏移"与"修剪"命令,偏移50mm的铝方管以及200mm高的花坛立面,如图11-26所示。

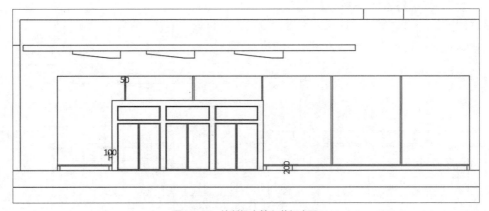

图11-26 绘制铝方管和花坛立面

步骤11 绘制台阶。执行"偏移"、"定数等分"、"直线"和"修剪"命令,绘制楼梯台阶,如图11-27所示。

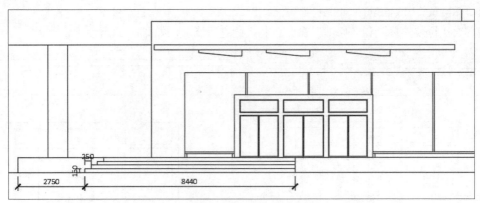

图11-27 绘制台阶

步骤12 执行"直线"和"偏移"、"极轴追踪"及"修剪"命令,绘制楼梯扶手,如图11-28所示。

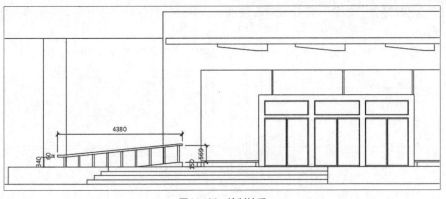

图11-28 绘制扶手

步骤13 执行"偏移"、"矩形"和"修剪"命令，绘制教学楼两个侧门台阶图形，如图11-29所示。

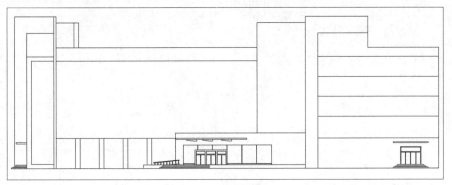

图11-29 绘制台阶

11.2.3 绘制窗户图形

下面将运用"矩形"、"修剪"、"分解"以及"复制"命令，绘制出建筑立面图中的窗户图形。

步骤01 双击"门窗"图层，将其设置为当前层。执行"绘图>矩形"命令，绘制一个长3800mm，宽2650mm的长方形，并放置教学楼左侧楼梯过道的合适位置，如图11-30所示。

步骤02 执行"修改>偏移"命令，将窗户轮廓线向内偏移50mm，并单击"分解"命令，对偏移后的图形进行分解，如图11-31所示。

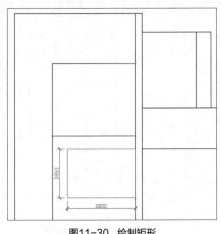

图11-30 绘制矩形

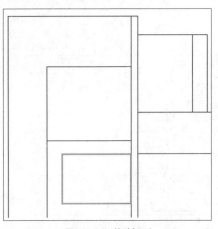

图11-31 偏移矩形

步骤03 执行"定数等分"命令，将分解后的线段进行等分，再执行"直线"命令，绘制其等分线，如图11-32所示。

步骤04 执行"偏移"和"修剪"命令，对窗户进行细化，结果如图11-33所示。

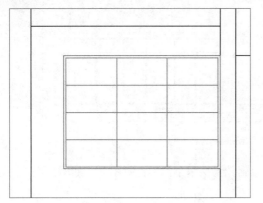

图11-32 定数等分

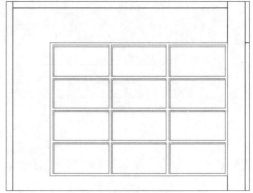

图11-33 偏移并修剪图形

步骤05 执行"复制"命令，以Q点为复制基点，向下复制位移3300，其结果如图11-34和图11-35所示。

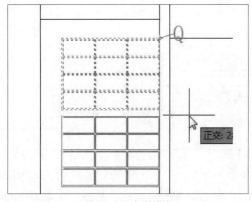

图11-34 复制位移

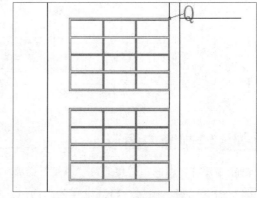

图11-35 复制窗户图形

步骤06 按照同样的复制方法，继续向下复制窗户图形，如图11-36所示。

步骤07 再利用上述绘制方法，绘制一个3800*3800的窗户，将其放置到一层位置，如图11-37所示。

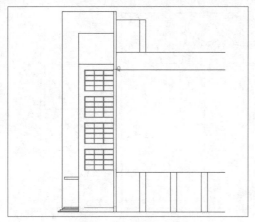

图11-36 复制窗户图形

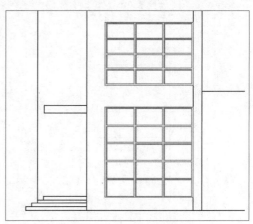

图11-37 绘制窗户图形

步骤08 绘制一层大厅窗户。执行"绘图>矩形"命令，绘制一个长3400mm，宽3300mm的长方形，距地900mm，并将其长宽边都等分成三份，执行"绘图>直线"命令，绘制等分线，如图11-38所示。

步骤09 执行"修改>偏移"命令，将等分线进行向两边各偏移25mm，同时单击"修剪"命令，绘制出窗户图形，效果如图11-49所示。

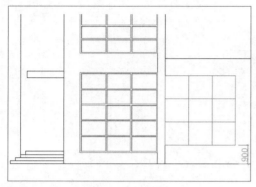

图11-38 定数等分

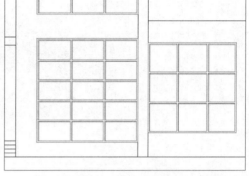

图11-39 偏移并修剪图形

步骤10 执行"复制"命令，将绘制好的窗户向右复制移动4200 mm，如图11-40、11-41所示。

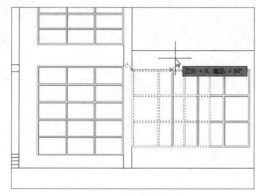

图11-40 复制移动图形

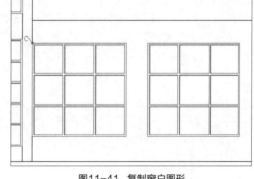

图11-41 复制窗户图形

步骤11 再次执行"复制"命令，复制剩余3个窗户至大厅合适位置，如图11-42所示。

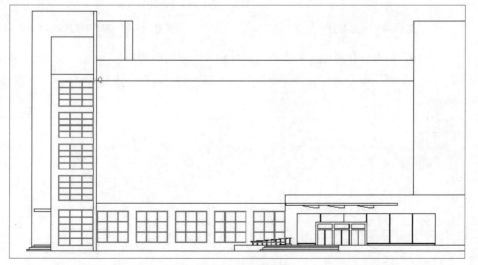

图11-42 复制窗户图形

步骤12 绘制教学室窗户。执行"绘图>矩形"命令，绘制长2400mm，宽1650mm的长方形，并单击"偏移"命令，将该长方形向内偏移50mm，如图11-43所示。

步骤13 执行"分解"命令，将偏移后的长方形分解，单击"偏移"命令，将分解后的线段向下依次偏移475mm和50mm，单击"修剪"命令，修剪图形，如图11-44所示。

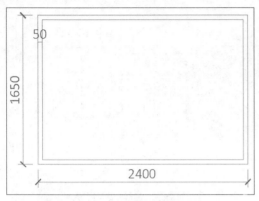
图11-43 绘制并偏移矩形

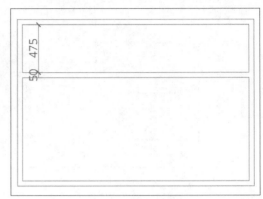
图11-44 偏移并修剪图形

步骤14 执行"定数等分"命令，将偏移后的线段等分成4份，再执行"直线"命令，绘制等分线，如图11-45所示。

步骤15 执行"偏移"命令，将等分线偏移25mm，再执行"剪切"命令，再对图形进行修剪，其结果如图11-46所示。

图11-45 定数等分

图11-46 偏移并修剪图形

步骤16 执行"复制"命令，将绘制好的窗户向右复制，设置间距值为1650 mm，如图11-47所示。

步骤17 同样执行"复制"命令，将复制好的窗户，再向下进行复制，设置间隔距离为1200 mm，结果如图11-48所示。

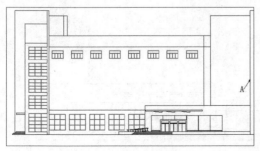
图11-47 向右复制图形

图11-48 向下复制图形

步骤18 绘制卫生间窗户。执行"绘图>矩形"命令，绘制一个长850mm，宽1650mm的长方形，并执行"偏移"命令，将该长方形向内偏移50mm，放置图形合适位置。

步骤19 执行"分解"命令，将偏移后的长方形进行分解，并再次执行"偏移"和"修剪"命令，完成卫生间窗户的绘制，如图11-49所示。

步骤20 执行"复制"命令，将绘制好的窗户向下进行复制，如图11-50所示。

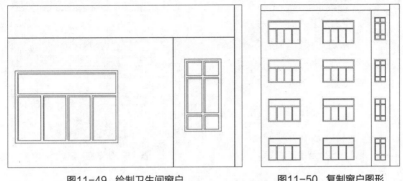

图11-49 绘制卫生间窗户　　　　　　　图11-50 复制窗户图形

步骤21 同样执行"矩形"、"复制"和"偏移"命令，完成该教学楼剩余窗户图形的绘制，其结果如图11-51所示。

图11-51 绘制剩余窗户图形

11.3 完善建筑立面图

绘制完成教学楼的窗户后，整体建筑立面轮廓已完成了。下面可运用"图案填充"和"插入块"命令，填充建筑外墙体并插入树木等图块，丰富图纸内容。

11.3.1 填充图案

下面将运用"图案填充"命令，对将外墙体进行填充操作。

步骤01 双击"填充"图层，将"填充"层设为当前层。单击"图案填充"下三角按钮，打开"图案填充创建"选项面板，选择需填充的图案，如图11-52所示。

步骤02 在图形中，选择墙体区域进行填充，按回车键，即可完成填充，如图11-53所示。

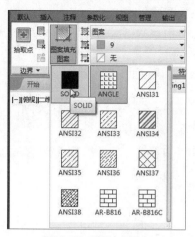

图11-52 选择实体图案

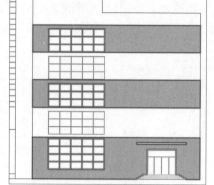

图11-53 填充墙体

步骤03 同样执行"图案填充图案"命令，再次选择所需填充的图案，并将其填充至图形合适位置，结果如图11-54所示。

图11-54 填充墙体

步骤04 填充门窗图案。执行"图案填充图案"命令，在下拉菜单中选择ANSI34图案，如图11-55所示。

步骤05 选择完成后，将其"填充图案比例"设置为50mm，如图11-56所示。

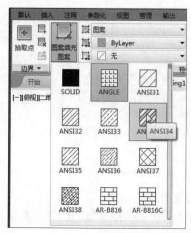

图11-55 选择填充图案

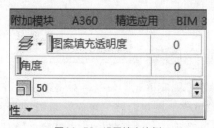

图11-56 设置填充比例

步骤06 选择要填充的区域，并进行填充，其结果如图11-57所示。

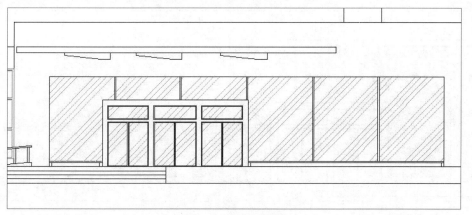

图11-57 查看填充效果

步骤07 执行"分解"命令，对刚填充的图案进行分解，然后根据需要，删除几条多余的线段，结果如图11-58所示。

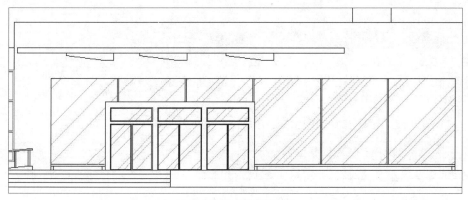

图11-58 分解并删除线段

步骤08 执行"图案填充"命令，设置填充图案为AR-SAND，并将其比例设置为2，如图11-59和图11-60所示。

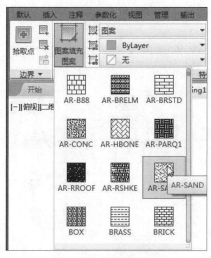

图11-59 选择填充图案

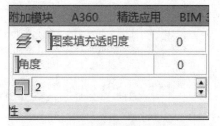

图11-60 设置比例

步骤09 设置完成后，将其图案填充至大门玻璃合适位置，其结果如图11-61所示。

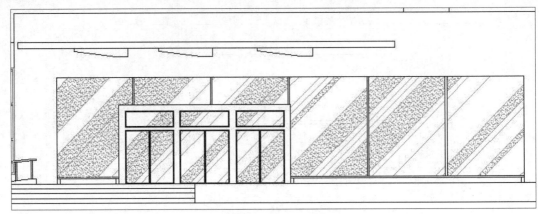

图11-61 填充大门玻璃

步骤10 按照同样的操作步骤，完成窗户玻璃的填充，其结果如图11-62所示。

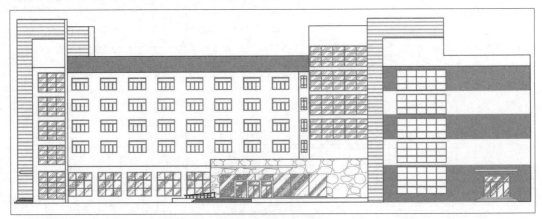

图11-62 完成填充操作

11.3.2 插入图块

图形填充完成后，即可使用"插入块"命令，插入部分植物图块来丰富图形，具体操作步骤介绍如下。

步骤01 执行"绘图>多段线"命令，绘制一条长104000的多段线，放置在合适的位置，如图11-63所示。

图11-63 绘制直线

步骤02 在特性面板中，设置多段线全局宽度为60，如图11-64所示。

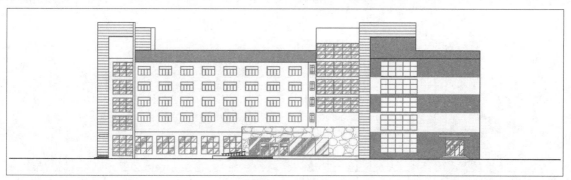

图11-64 设置宽度

步骤03 执行"插入>块>插入"命令，打开"插入"对话框，如图11-65所示。

步骤04 在该对话框中，单击"浏览"按钮，即可打开"选择图形文件"对话框，选中所需图块选项，如图11-66所示。

图11-65 打开"插入"对话框

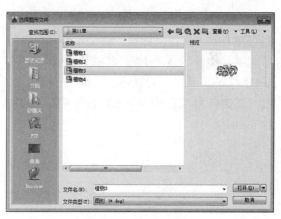

图11-66 选择图形文件

步骤05 单击"打开"按钮，返回"插入"对话框，单击"确定"按钮，即可插入所需的植物图块，此时，用户可对该图块比例进行缩放，并放置到图形的合适位置，如图11-67所示。

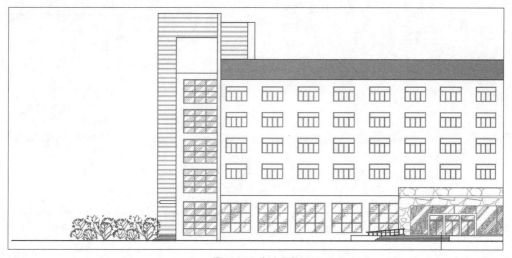

图11-67 插入图块

步骤06 按照同样的操作方法，完成其余植物图块的插入，其结果如图11-68所示。

图11-68 插入其他图块

11.3.3 添加标注与标高

最后需要为立面图添加尺寸标注和标高，具体操作介绍如下。

步骤01 双击"标注"图层，将"标注"层设为当前层。执行"格式>标注样式"命令，打开"标注样式管理器"对话框，单击"新建"按钮，新建名为"立面标注"的标注样式，如图11-69所示。

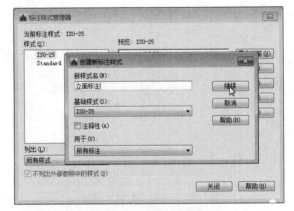

图11-69 新建标注样式

步骤02 单击"继续"按钮，打开"新建标注样式"对话框，在"主单位"选项卡中设置标注精度，如图11-70所示。

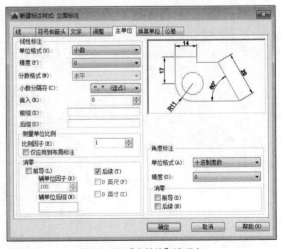

图11-70 "主单位"选项卡

步骤03 在"调整"选型卡中选择"文字始终保持在尺寸界线之间"单选按钮，并勾选"若箭头不能放在尺寸界线内，则将其消除"复选框，如图11-71所示。

步骤04 在"文字"选项卡中设置文字高度和从尺寸线偏移值，如图11-72所示。

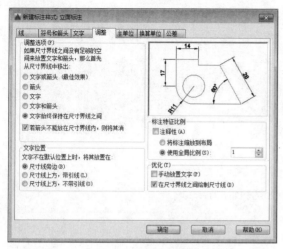

图11-71 "调整"选项卡

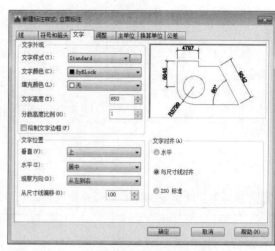

图11-72 "文字"选项卡

步骤05 在"符号与箭头"选项卡中设置箭头符号及大小，如图11-73所示。

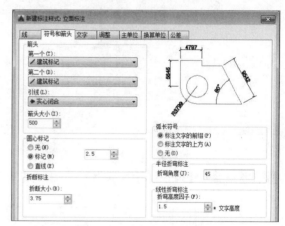

图11-73 "符号与箭头"选项卡

步骤06 在"线"选项卡中设置超出尺寸线值及起点偏移量，如图11-74所示，设置完毕后单击"确定"按钮返回"标注样式管理器"对话框，依次单击"置为当前"、"关闭"按钮。

图11-74 "线"选项卡

步骤07 执行"线性"标注命令，为图形添加尺寸标注，如图11-75所示。

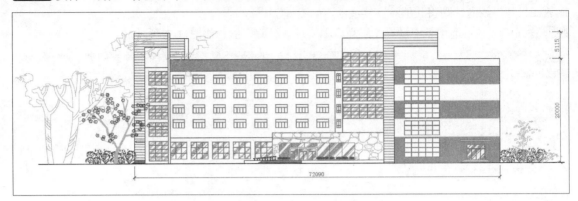

图11-75　添加尺寸标注

步骤08 再为立面图添加标高符号并修改标高尺寸，如图11-76所示。

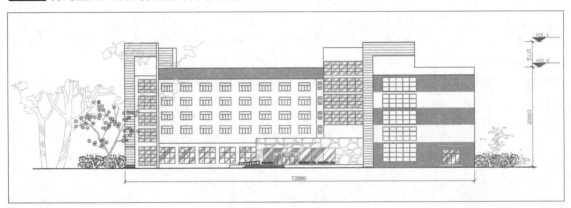

图11-76　添加标高符号

步骤09 最后为建筑立面图添加图示和图框，完成建筑立面图的绘制，如图11-77所示。

图11-77　完成建筑立面图的绘制

Chapter
12

绘制建筑剖面图

✧ 课题概述

建筑剖面图是表达建筑室内关系的必备图样，是建筑制图中的一个重要环节，其绘制方法与立面图相似，主要展示建筑物内部垂直方向的高度、楼层的分层、垂直空间的利用及简要的结构形式等。剖面图在建筑和机械领域运用的十分广泛。

✧ 教学目标

本章将以厂房为例，结合CAD中的一些基本命令，来介绍绘制建筑剖面图的操作流程。

✧ 章节重点

★★★★ 建筑剖面图轮廓的绘制
★★★ 建筑顶部结构剖面图的绘制
★★★ 标注与标高
★★ 建筑剖面图的绘制要素

✧ 光盘路径

操作案例：实例文件\第12章

12.1 建筑剖面绘图要素

建筑剖面图是建筑设计过程中的一个基本组成部分，是表示建筑物竖向构造的重要图样。下面将介绍在绘制建筑剖面图时，所需了解的一些知识点。

12.1.1 什么是建筑剖面

假想用一个或多个垂直于外墙轴线的铅垂剖切面，将房屋剖开，所得的投影图，称为建筑剖面图。剖面图用以表示房屋内部的结构或构造形式、分层情况和各部位的联系、材料及其高度等，是与平、立面图相互配合的不可缺少的重要图样之一。剖面图数量是根据房屋的具体情况和施工实际需要而决定的。剖切面一般横向，即平行于侧面，必要时也可纵向，即平行于正面。剖面图的剖视位置应选在层高不同、层数不同、内外部空间比较复杂、最有代表性的部分，主要包括以下内容。

（1）墙、柱及其定位轴线。

（2）室外地面、底层地面、地炕、地沟、机座、各层楼板、吊顶、屋架、屋顶、出屋面烟囱、天窗、挡风板、消防梯、檐口、女儿墙、门、窗、吊车、吊车梁、走道板、梁、铁轨、楼梯、台阶、坡道、散水、平台、阳台、雨篷、洞口、墙裙、雨水管及其他装修等可见内容。

（3）高度尺寸，主要包括外部尺寸和内部尺寸两方面，其中外部尺寸主要是门、窗、洞口高度、总高度；内部尺寸为地炕深度、隔断、洞口、平台和吊顶等。

（4）底层地面标高，以上各层露面、楼梯、平台标高、屋面板、屋面檐口、女儿墙顶、烟囱顶标高，高处屋面的水箱间、楼梯间、机房顶部标高，室外地面标高，底层以下的地下各层标高。

（5）楼、地面各层构造，一般可用引线说明。引线指向所说明的部位，并按其构造的层次顺序，逐层加以文字说明。若有详图，或已有"构造说明一览表"时，在剖面图中可用索引符号引出说明。

（6）表示需画详图之处的索引符号。

12.1.2 建筑剖面图的识读方法

正确识读建筑剖面图的方法有以下几点。

（1）结合底层平面图阅读，对应剖面图与平面图的相互关系，建立建筑内部的空间概念。

（2）结合建筑设计说明或材料做法表，查阅地面、墙面、楼面、顶棚等装修做法。

（3）根据剖面图尺寸及标高，了解建筑层高、总高、层数及房屋室内外地面高差。

（4）了解建筑构配件之间的搭接关系。

（5）了解建筑屋面的构造及屋面坡度的形成。

（6）了解墙体、梁等承重构件的竖向定位关系，例如轴线是否偏心等。

12.1.3 建筑剖面的注意事项

在绘制剖面图时，需要注意以下两点。

（1）剖切位置及投射方向：根据规范规定，剖切面的剖切部位应根据图纸的用途或设计深度，在平面图上选择空间复杂、能反应全貌、构造特征以及有代表性的部位剖切。投射方向一般宜向右、向上，当然也要根据工程情况而定。剖切符号标在底层平面图中，短线指向为投射方向。

（2）结合建筑平、立面图：剖面图的绘制必须结合建筑的平、立面图，实际上，建筑的平、立面图即确定了剖面图的宽、高尺寸及门窗、台阶、楼梯、雨篷、地面、屋面和其他部件的大小、位置等要素。

12.1.4 绘制建筑剖面图的一般步骤

建筑剖面图一般在平面图、立面图的基础上，并参照平、立面图进行绘制，一般绘制步骤如下。

（1）绘图环境设置。

（2）确定剖切位置和投射方向。

（3）绘制定位辅助线：包括墙、柱定位轴线、楼层水平定位辅助线及其他剖面图样的辅助线。

（4）剖面图样及看线绘制：包括剖到和看到的墙柱、地坪、楼层、屋面、门窗（幕墙）、楼梯、台阶及坡道、雨棚、窗台、檐口、阳台、栏杆、各种线脚等内容。

（5）配景：包括植物、车辆、人物等。

（6）尺寸、文字标注，至于线型、线宽等设置，则贯穿到绘图过程中。

12.2 绘制厂房剖面轮廓

在绘制厂房剖面轮廓前，需要调用厂房立面图，并根据其立面尺寸进行绘制。在绘制的过程中，所运用到的操作命令有"直线"、"偏移"和"图层状态管理器"等命令。

12.2.1 调用图层

本小节将先运用"图层状态管理器"命令，将建筑立面图中的图层文件导入新文件中，以便于后续的绘图操作，具体操作步骤介绍如下。

步骤01 新建空白文件，在"默认"选项卡的"图层"选项组中单击"图层特性"按钮，打开"图层特性管理器"面板，如图12-1所示。

步骤02 在该对话框中，单击左上角"图层状态管理器"命令，打开相应对话框，如图12-2所示。

图12-1 "图层特性管理器"面板　　　　图12-2 "图层状态管理器"对话框

步骤03 在该对话框中，单击"输入"按钮，打开"输入图层状态"对话框，选中之前保存好的图层文件（*.las），如图12-3所示。

步骤04 单击"打开"按钮，在打开的"图层状态-成功输入"提示框中，单击"恢复状态"按钮，如图12-4所示。

图12-3 选择图层文件

图12-4 "恢复状态"按钮

步骤05 设置完成后，进入"图层特性管理器"面板，显示输入的图层，如图12-5所示。

步骤06 在该面板中，选择多余的图层并修改相应图层的名称，以符合剖面图的需要，双击"墙线"图层，将其设为当前层，如图12-6所示。

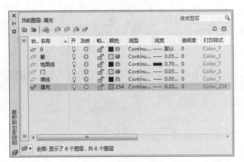

图12-5 导入图层

图12-6 设置当前图层

12.2.2 调用厂房立面图

下面介绍调用厂房立面图的操作方法，具体步骤如下。

步骤01 执行"插入>块"命令，打开"插入"对话框，如图12-7所示。

步骤02 在该对话框中，单击"浏览"按钮，打开"选择图形文件"对话框，选中"厂房立面图"文件，单击"打开"按钮，如图12-8所示。

图12-7 "插入"对话框

图12-8 选择文件

步骤03 返回"插入"对话框，单击"确定"命令，完成插入操作，如图12-9所示。

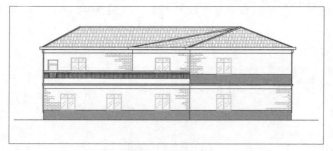

图12-9　插入图块

步骤04 执行"复制"命令，复制厂房立面图，并放置在立面图下方，对复制好的图形进行分解，删除多余的图形，结果如图12-10所示。

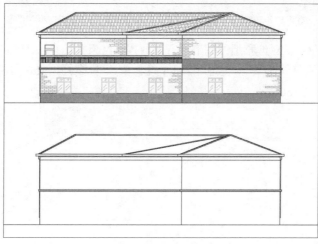

图12-10　复制并编辑图形

12.2.3 绘制剖面轮廓

下面将根据立面墙线绘制剖面轮廓线，具体操作如下。

步骤01 执行"修改>偏移"命令，将最左侧的垂直线向右偏移240mm，如图12-11所示。

步骤02 同样执行"修改>偏移"命令，选择线段L，向下依次偏移，偏移距离分别为2000mm、50mm、100mm、550mm，其结果如图12-12所示。

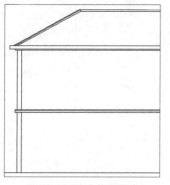

图12-11　向右偏移图形

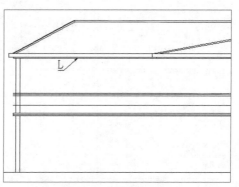

图12-12　向下偏移图形

步骤03 单击"修剪"命令，对偏移的线段进行修剪，如图12-13所示。

步骤04 执行"修改>偏移"命令，将最左侧线段向右依次偏移40mm、60mm和40mm，其结果如图12-14所示。

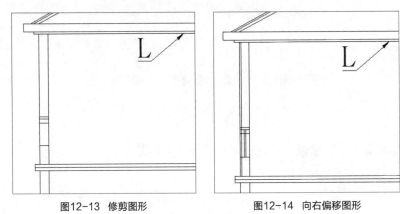

图12-13　修剪图形　　　　　　　　　　图12-14　向右偏移图形

步骤05 单击"修剪"命令，对偏移后的图形进行修剪，其结果如图12-15所示。

步骤06 执行"修改>偏移"命令，将地平线L1向上依次偏移920mm、1500mm、1850mm和1500mm，其结果如图12-16所示。

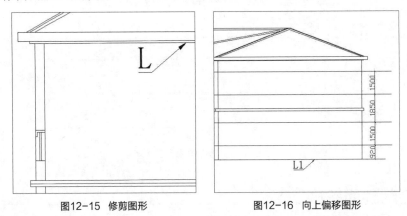

图12-15　修剪图形　　　　　　　　　　图12-16　向上偏移图形

步骤07 同样执行"修改>偏移"命令，将图形最右侧边线向内依次偏移100mm、40mm以及100mm，其结果如图12-17所示。

步骤08 单击"修剪"命令，对偏移后的图形进行修剪，如图12-18所示。

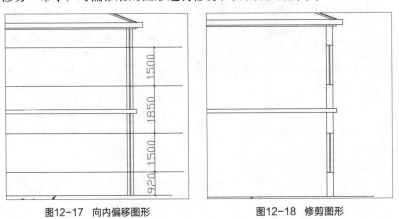

图12-17　向内偏移图形　　　　　　　　图12-18　修剪图形

步骤09 执行"修改>偏移"命令，将线段L2向右依次偏移4140mm、3900mm、2500mm、2940mm、2610mm和3245mm，其结果如图12-19所示。

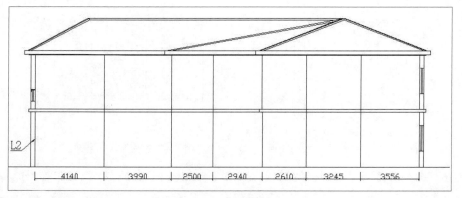

图12-19　向右偏移图形

步骤10 同样执行"修改>偏移"命令，将刚偏移的线段在向右偏移240 mm，如图12-20所示。

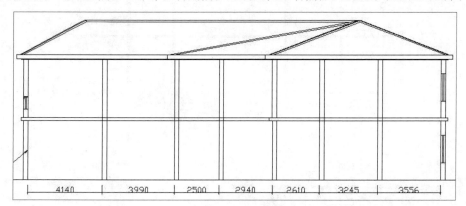

图12-20　向右偏移图形

步骤11 单击"偏移"和"修剪"命令，将图形绘制完整，其结果如图12-21所示。

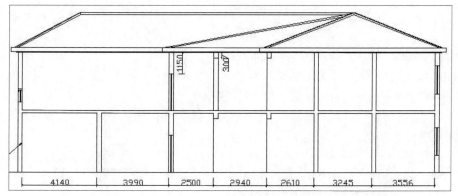

图12-21　偏移并修剪图形

步骤12 绘制屋檐剖面。单击"多段线"命令，并根据命令行中的尺寸，绘制屋檐剖面轮廓图，如图12-22所示。

步骤13 按照同样的操作方法，完成另外一侧屋檐的绘制，单击"修剪"命令，对图形进行修剪，其结果如图12-23所示。

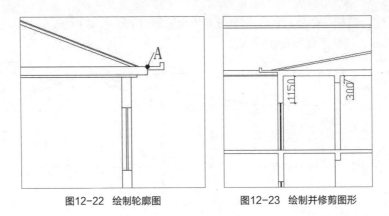

图12-22　绘制轮廓图　　　　　图12-23　绘制并修剪图形

步骤14 单击"图案填充"命令，选择实体图案，对墙体和柱子进行填充，其结果如图12-24所示。

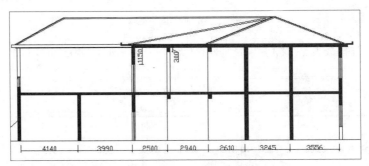

图12-24　实体填充

12.3　绘制厂房剖面门窗

当厂房剖面轮廓绘制好后，接下来需对门窗剖面进行布置。在绘制的过程中，所运用到的操作命令有"矩形"、"分解"、"延伸"、"直线"、"偏移"及"镜像"等。

　　　下面介绍绘制门的操作方法，具体步骤如下：

步骤01 双击门窗图层，将其设为当前层，执行"绘图>矩形"命令，绘制一个长2200mm，宽900mm的长方形，放置图形至合适位置，如图12-25所示。

步骤02 执行"绘图>矩形"命令，绘制一个长830mm，宽340mm的长方形，并放置在图形中的合适位置，结果如图12-26所示。

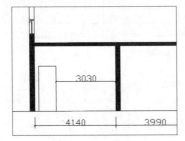
　　　图12-25　绘制矩形

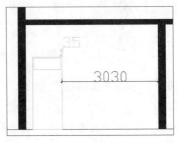
　　　图12-26　绘制矩形

步骤03 执行"修改>偏移"命令，将刚绘制的小长方形向内偏移40mm，其结果如图12-27所示。

步骤04 执行"绘图>矩形"命令，绘制一个长1690mm，宽840mm的长方形，同时执行"修改>偏移"命令，将该长方形向内偏移35mm，结果如图12-28所示。

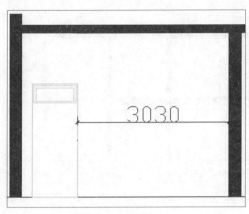

图12-27 偏移矩形　　　　　　　　　　　　图12-28 绘制并偏移矩形

步骤05 再次执行"绘图>矩形"命令，绘制一个长1385 mm，宽600 mm的长方形，执行"倒圆角"命令，将该图形进行倒圆角，圆角半径为50 mm，结果如图12-29所示。

步骤06 单击"矩形"和"直线"命令，绘制门拉手和装饰角线，结果如图12-30所示。

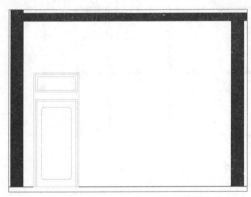

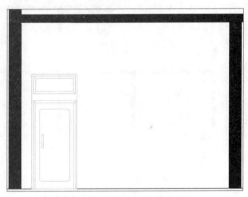

图12-29 绘制矩形并倒圆角操作　　　　　　图12-30 绘制拉手和装饰角线

步骤07 执行"复制"命令，将绘制好的门复制移动至图形中的其他位置，如图12-31所示。

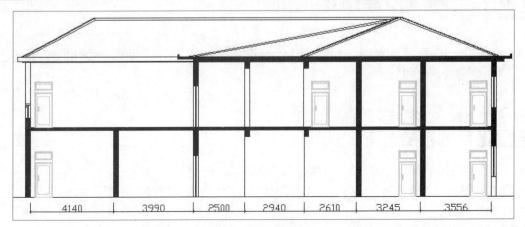

图12-31 复制门图形

步骤08 绘制剖面窗图形的方法很简单，只需运用"复制"命令，即可完成。执行"复制"命令，将立面图中的窗复制至剖面图的合适位置，结果如图12-32所示。

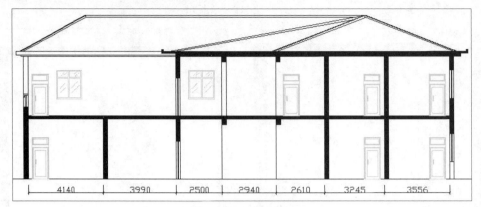

图12-32 复制窗户图形

步骤09 执行"绘图>矩形"命令，绘制一个长2500 mm，宽1500 mm的长方形，放置图形在合适的位置，作为一楼门洞，如图12-33所示。

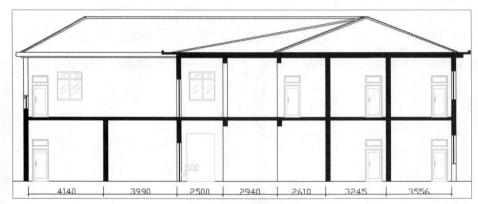

图12-33 绘制矩形门洞

12.4 绘制其他建筑结构剖面图

当门窗都绘制完成后，接下来就需绘制剖面楼梯以及屋顶剖面结构了，下面将运用"偏移"、"直线"、"矩形"及"倒圆角"命令进行绘制。

12.4.1 绘制楼梯剖面

下面介绍楼梯剖面的绘制方法，具体操作步骤如下：

步骤01 在"图层特性管理器"面板中单击"新建"按钮，新建"楼梯"图层，并设置图层属性，如图12-34所示。

步骤02 双击该图层，将其设为当前层，如图12-35所示。

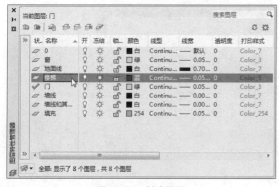

图12-34 创建图层 图12-35 图层置为当前层

步骤03 执行"绘图>直线"命令,绘制楼梯区域,其尺寸可参照图12-36所示。

图12-36 绘制楼梯区域

步骤04 执行"修改>偏移"命令,将直线L3向下偏移11次,其偏移距离为133 mm,如图12-37所示。

步骤05 执行"绘图>直线"命令,捕捉点C为基点,并根据命令行中的提示绘制直线,如图12-38所示。

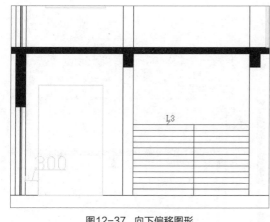

图12-37 向下偏移图形 图12-38 绘制直线

步骤06 单击"修剪"命令,对所绘制的线段进行修剪,其结果如图12-39所示。

步骤07 执行"绘图>矩形"命令,并启动"临时追踪"命令,捕捉点D,绘制一个长850mm和宽25mm的长方形,如图12-40所示。

图12-39 修剪图形

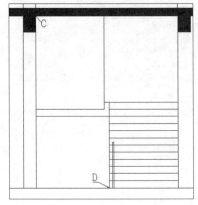

图12-40 绘制长方形

步骤08 执行"绘图>矩形"命令，同时结合"临时追踪"命令，捕捉D点为基点，绘制一个长1650mm，宽70mm的长方形，其结果如图12-41所示。

步骤09 执行"绘图>矩形"命令，绘制一个长150 mm，宽50 mm的长方形，放置图形至合适位置，如图12-42所示。

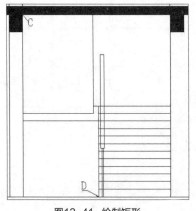

图12-41 绘制矩形

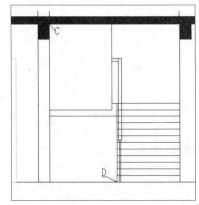

图12-42 绘制矩形

步骤10 执行"绘图>矩形"命令，并启动"临时追踪"命令，捕捉E点，绘制一个长1500mm，宽50mm的长方形，如图12-43所示。

步骤11 同样执行"绘图>矩形"命令，捕捉点E，绘制一个长1300mm，宽550mm的长方形，如图12-44所示。

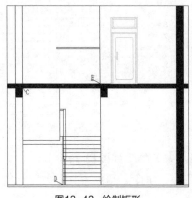

图12-43 绘制矩形

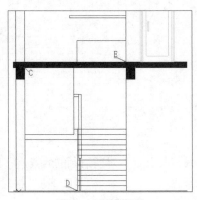

图12-44 绘制矩形

步骤12 执行"直线"和"偏移"命令,绘制楼梯栏杆,如图12-45所示。

步骤13 单击"修剪"命令,对栏杆图形进行修剪,其结果如图12-46所示。

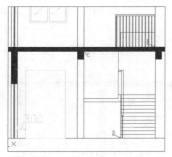

图12-45 绘制直线并偏移

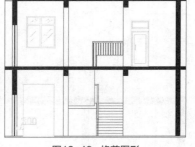

图12-46 修剪图形

12.4.2 绘制厂房顶部结构剖面图

下面将介绍如何绘制屋顶结构剖面图,其操作方法如下:

步骤01 将墙线设为当前层,执行"绘图>直线"命令,捕捉点F,绘制一条垂直线,如图12-47所示。

步骤02 执行"修改>偏移"命令,将刚绘制的直线分别向两边各偏移85mm,如图12-48所示。

图12-47 绘制垂直线

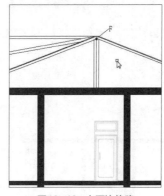

图12-48 向两边偏移

步骤03 执行"旋转"命令,选择向右偏移得到的直线,以点G为旋转基点,旋转48度,如图12-49所示。

步骤04 执行"修改>偏移"命令,选择旋转的直线,将其向下偏移100mm,并执行"延伸"命令,将该线段进行延伸处理,如图12-50所示。

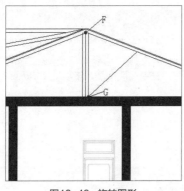

图12-49 旋转图形

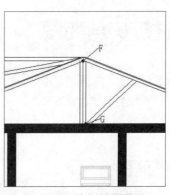

图12-50 偏移并延伸图形

步骤05 执行"直线"、"偏移"命令，通过斜线的上端点向下绘制垂直直线，并将其向右偏移120mm，如图12-51所示。

步骤06 执行"旋转"、"偏移"、"延伸"及"直线"命令，完成剩余结构的绘制，如图12-52所示。

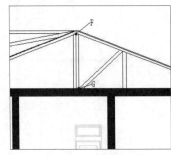

图12-51 绘制直线并偏移

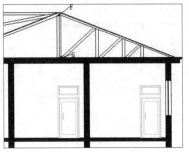

图12-52 完成结构绘制

工程师点拨

【12-1】延伸操作

使用延伸命令对线条进行延伸操作时，如果要延伸若干个图形对象，使用不同的选择方法有助于选择当前的延伸边和延伸对象。

步骤07 执行"修改>镜像"命令，将右侧屋顶结构图以三角形顶点的垂直线为镜像线，进行镜像操作，如图12-53所示。

步骤08 执行"图案填充"命令，对屋顶进行填充，其结果如图12-54所示。

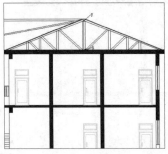

图12-53 镜像图形

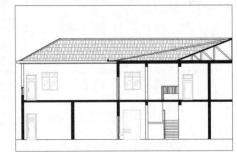

图12-54 填充屋顶图案

12.5 标注厂房剖面图

当所有剖面图绘制完毕后，即可对当前图形进行尺寸标注，其中包括标高标注以及文字标注，下面将运用"文字注释"和"标注样式编辑器"命令进行绘制。

12.5.1 添加标高

下面介绍绘制标高并进行属性定义的具体操作方法，步骤如下：

步骤01 执行"多段线"命令，以任意点为起点，根据命令行中提示的尺寸，绘制标高图形，如图12-55所示。

步骤02 执行"图案填充"命令，选择实体图案，对标高图形进行填充，如图12-56所示。

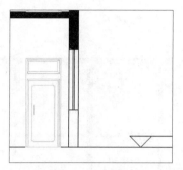

图12-55 绘制标高符号

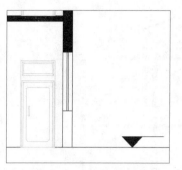

图12-56 填充标高符号

步骤03 在"插入"选项卡的"块定义"选项组中单击"定义属性"按钮，打开"属性定义"对话框，在该对话框的"属性"选项组中，设置相应的属性参数，如图12-57所示。

步骤04 单击"确定"按钮，根据命令提示，在标高图形上方指定参数插入点，如图12-58所示。

图12-57 "属性定义"对话框

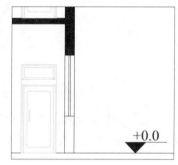

图12-58 插入属性块

步骤05 在命令行中输入D再按回车键，打开"标注样式管理器"对话框，如图12-59所示。

步骤06 单击"修改"按钮，打开"修改标注样式"对话框，根据需设置相应的标注参数后，单击"置为当前"按钮，完成操作，如图12-60所示。

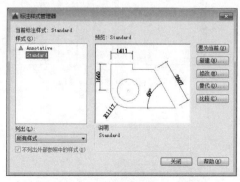

图12-59 "标注样式管理器"对话框

图12-60 "修改标注样式"对话框

步骤07 执行"标注>线型参数"命令，将当前剖面图形进行线性标注，结果如图12-61所示。

步骤08 执行"复制"命令，将绘制好的标高符号，分别复制到各尺寸合适位置，如图12-62所示。

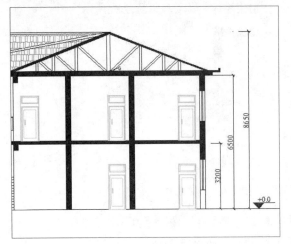

图12-61 线性标注

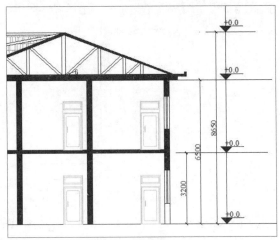

图12-62 复制标高符号

步骤09 在尺寸标注为3200处双击标高值，打开"编辑属性定义"对话框，输入正确的标高值，如图12-63所示。

图12-63 "编辑属性定义"对话框

步骤10 单击"确定"按钮，完成操作。按照同样的操作方法，对剩余的标高值进行输入，其结果如图12-64所示。

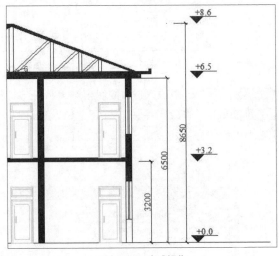

图12-64 完成操作

12.5.2 添加图示和图框

标高添加完成后，即可在剖面图中添加文字注释，其具体操作如下。

步骤01 执行"绘图>文字>多行文字"命令，在剖面图下方创建文本内容，再执行"多段线"命令绘制下划线，完成图示的创建，如图12-65所示。

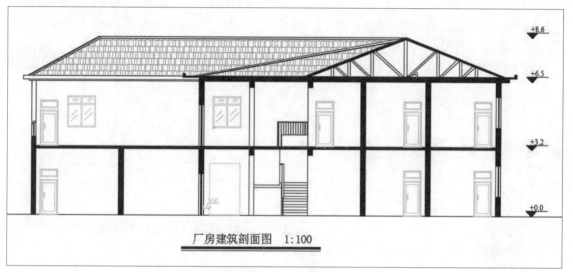

图12-65　添加图示

步骤02 最后删除原立面图，为建筑剖面图添加图框，如图12-66所示。至此，厂房建筑剖面图已全部绘制完毕。

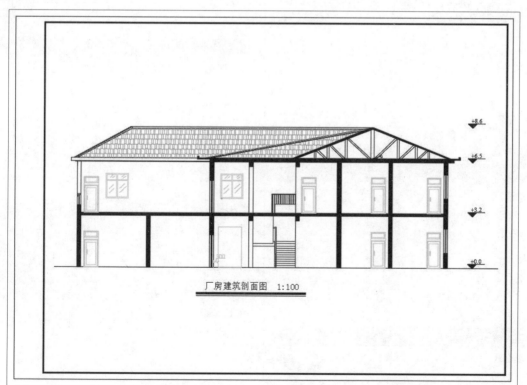

图12-66　完成厂房建筑剖面图的绘制

附录 课后练习答案

Chapter 01

1. 填空题

（1）细单点长划线

（2）尺寸界线、尺寸起止符号、尺寸数字

（3）mm（毫米）、m（米）

（4）阿拉伯数字、左、右；大写拉丁字母、下、上

2. 选择题

（1）A　（2）B　（3）C　（4）A　（5）D

Chapter 02

1. 填空题

（1）文本窗口

（2）选择文件

（3）CAD

（4）三维基础

（5）局部打开

2. 选择题

（1）D　（2）A　（3）A　（4）A　（5）A

Chapter 03

1. 填空题

（1）世界坐标系

（2）图层特性，图层特性

（3）中心点，轴、端点

2. 选择题

（1）D　（2）C　（3）A　（4）C

Chapter 04

1. 填空题

（1）点样式

（2）内切于圆，外切于圆

（3）Continuous

2. 选择题

（1）D　（2）D　（3）C　（4）A

Chapter 05

1. 填空题

（1）缩放

（2）同心偏移，直线

（3）镜像

2. 选择题

（1）B　（2）B　（3）A　（4）A

Chapter 06

1. 填空题

（1）对象集合

（2）写块

（3）块属性管理器

2. 选择题

（1）C　（2）D　（3）C　（4）B

Chapter 07

1. 填空题

（1）格式>文字样式

（2）TEXT，DDEDIT

（3）数据

2. 选择题

（1）B　（2）A　（3）A　（4）C　（5）B

Chapter 08

1. 填空题

（1）DIMSTYLE

（2）尺寸界线

（3）置为当前

2. 选择题

（1）B　（2）C　（3）B　（4）D

Chapter 09

1. 填空题

（1）布局空间

（2）浮动视口

（3）命名打印样式表

2. 选择题

（1）B　（2）D　（3）D　（4）B